원어민 선생님과 함께하는 II

바빠 영어 시리즈
바쁜 초등학생을 위한 빠른 영어

별쌤(Stephanie Yim) 지음

바쁜 초등학생을 위한 빠른 파닉스

2 단모음·장모음·이중 글자

이지스에듀

지은이 **별쌤, 본명은 스테파니 임(Stephanie Yim)**

미국에서도 교육열이 높기로 유명한 뉴욕 맨해튼의 차터스쿨 교사입니다. 미국에서 초등교육, 특수교육, ESL 교육 자격증을 취득하고, 미국 유치원인 프리스쿨과 공립 초등학교에서 10년째 어린이들에게 파닉스를 가르쳐 왔습니다. 미국에서 태어나고 자란 별쌤은 초등학교 2학년부터 한국에서 학교를 다닌 후 다시 미국에서 대학을 졸업하고 교사로 근무해, 한국과 미국 영어 교육의 차이를 아는 교육 전문가입니다. 미국 학교에서 10년 동안 파닉스를 가르치면서 쌓은 노하우를 바탕으로 한국의 어린이들에게 가장 정확한 파닉스를 가르쳐 주기 위해 《바쁜 초등학생을 위한 빠른 파닉스》를 집필했습니다.

한국에서도 미국 어린이들과 똑같은 방식으로 영어를 배울 수 있게 하겠다는 마음으로 2018년 11월 유튜브 채널을 개설하고, 파닉스 강의와 영어 챈트, 직접 만든 영어 노래를 소개해 국내 학부모와 선생님들에게 인기를 끌고 있습니다.

* 별쌤의 '미국 선생님의 진짜 어린이 영어 교육' 유튜브 채널을 구독해 보세요!
www.youtube.com/englishbyul

바쁜 초등학생을 위한 빠른 파닉스 — ② 단모음, 장모음, 이중 글자

초판 1쇄 발행 2021년 1월 4일
초판 8쇄 발행 2024년 9월 26일
지은이 별쌤 Stephanie Yim
발행인 이지연
펴낸곳 이지스퍼블리싱(주)
출판사 등록번호 제313-2010-123호
주소 서울시 마포구 잔다리로 109 이지스 빌딩 5층(우편번호 04003)
대표전화 02-325-1722
팩스 02-326-1723
이지스퍼블리싱 홈페이지 www.easyspub.com
이지스에듀 카페 www.easyspub.co.kr
바빠 아지트 블로그 blog.naver.com/easyspub
인스타그램 @easys_edu
페이스북 www.facebook.com/easyspub2014
이메일 service@easyspub.co.kr

편집장 조은미 기획 및 책임 편집 정지연 편집 이지혜, 박지연, 김현주 원어민 감수 Haena Yoo 교정 교열 이수정
삽화 김학수 별쌤 사진 Silver Yim 표지 및 내지 디자인 정우영 조판 이츠북스 인쇄 명지북프린팅
마케팅 라혜주 영업 및 문의 이주동, 김요한(support@easyspub.co.kr) 독자 지원 박애림, 김수경

ISBN 979-11-6303-208-3 64740
ISBN 979-11-6303-177-2(세트)
가격 12,000원

• **이지스에듀**는 이지스퍼블리싱(주)의 교육 브랜드입니다.
(이지스에듀는 학생들을 탈락시키지 않고 모두 목적지까지 데려가는 책을 만듭니다!)

"뉴욕 초등학교 파닉스 수업을 우리집에서 듣는다!"

영어 라이브 강의의 스타 강사, 원어민 선생님, 명강사들이
적극 추천한 '바쁜 초등학생을 위한 빠른 파닉스'

유튜브 강의가 있어 살아 있는 파닉스 학습이 가능하네요~

파닉스는 소리와 문자의 관계를 배우는 것으로 영어 소리에 대한 인지, 음소를 붙여 하나의 단어로 말하는 연습(블렌딩), 그리고 그 소리를 철자로 쓰는 것을 모두 포함합니다.

기존의 파닉스 교재들은 소리 인지와 블렌딩을 연습하는 부분이 없거나 많이 부족했습니다. 이 책은 유튜브 강의로 소리 인지와 블렌딩 연습을 할 수 있어 진정한 의미의 파닉스 학습이 가능합니다. 또 일상생활에서 쉽게 활용할 수 있는 단어와 문장을 예시로 제시하고 있다는 점도 《바빠 파닉스》를 최고의 파닉스 교재로 꼽는 이유입니다!

박은정 선생님(영어 라이브 강의의 스타 강사, 박은정샘의 영어 연구소)

영어 유창성을 키우려면 꼭 필요한 책!

This Phonics book has engaging, kid-friendly instruction on the English sound system. This isn't your typical phonics book. It has authentic examples and various activities for skill building, including interactive videos. This Phonics book is a must have on the road to becoming fluent in English.

이 책은 영어 파닉스 사운드를 아이들의 눈높이에 맞추어 흥미롭게 가르쳐 줍니다. 보통의 파닉스 책들과는 다릅니다. 생생한 예시와 파닉스 스킬을 키우기 위한 다양한 활동들, 선생님과 질문과 대답을 주고받는 형식의 동영상 강의를 담고 있습니다. 아이들의 영어 유창성을 키워 주려면 꼭 필요한 책입니다.

Edithe Norgaisse 에디스 노르가이스
(뉴욕 학교 ELS Coordinator)

뉴욕 초등학교 선생님에게 배우는 정확한 파닉스!

뉴욕은 미국에서도 파닉스부터 정확한 발음 학습을 통해 의사전달을 명확하게 전달하는 교육이 가장 잘 이루어지고 있는 지역입니다. 이 책은 뉴욕 현지 초등학교 선생님이 직접 가르치는 방법으로 파닉스를 정확하게 익힐 수 있도록 구성한 책입니다. 책 속 QR코드를 찍으면 유튜브로 연결되어 집에서도 뉴욕 초등학교 파닉스 수업을 들을 수 있습니다.

또 파닉스 규칙 중에서도 가장 많이 사용하는 규칙에 집중해 효율적으로 공부하도록 구성한 점도 돋보입니다.

김진영 원장님(연세 YT어학원 청라캠퍼스)

한글만 안다면 누구나 파닉스를 익힐 수 있는 책!

초등 영어의 핵심이자 중·고등 영어 성적의 비결은 영어 독서입니다. 영어 독서를 하기 위해서는 먼저 파닉스를 익혀야 합니다.

'기역, 니은 … '을 읽으며 자음과 모음의 음가를 익혀 한글을 깨우쳤던 것처럼 파닉스는 알파벳이 각각 어떤 소리를 내는지 이해하고 발음하는 것에서 시작됩니다. 영어의 알파벳마다 가장 가까운 소리를 내는 한글 자음, 모음과 연결하는 방식으로 구성된 이 교재는 한글을 읽을 수 있는 아이라면 누구나 파닉스의 원리를 이해하고 영어책 읽기를 시작할 수 있게 돕습니다.

이은경 선생님('이은경TV_슬기로운초등생활' 교육 유튜브 운영자)

우리집에서도 뉴욕 파닉스 수업을 들을 수 있어요!

미국 영어 교육의 핵심은 글을 정확하고 빠르게 읽는 능력(Reading Fluency)!

미국 교육에서는 Reading Fluency(읽기 유창성)를 아주 중요하게 여깁니다. Reading Fluency(읽기 유창성)는 글을 정확하고 빠르게 읽는 능력을 말합니다.
읽기 유창성을 기르기 위해서는 Decoding(암호를 해독하듯 글자와 소리를 연결해 읽기) 과정이 반드시 필요합니다. Decoding 과정을 통해 읽기 유창성이 먼저 길러져야 뜻을 파악하고 읽는 단계로 넘어가며 읽기 능력이 발달되기 때문입니다.
우리가 배울 이 파닉스는 Decoding(해독하기) 능력을 키우는 데 꼭 필요합니다. Decoding에는 파닉스를 비롯한 4가지 단계가 있습니다.

Decoding(해독하기)

1. Phonemic Awareness (음소 인식)	2. Phonics (파닉스)	3. Blending (블렌딩)	4. Sight Words (사이트 워드)
소리를 듣고 아는 능력 예 [캣] 소리를 듣고 [ㅋ], [애], [ㅌ]와 같이 소리를 구분하기	알파벳 글자와 이름, 소리를 아는 능력 예 알파벳 Aa(에이)는 [애]소리	소리를 붙여서 읽는 능력 예 c[ㅋ], a[애], t[ㅌ] 소리를 붙여 읽으면 cat[캩]!	영어로 된 글에서 아주 자주 나오는 단어로 한 눈에 바로 읽을 수 있어야 함. 예 the, a, she

Decoding 능력을 키우려면 파닉스뿐만 아니라 '음소 인식'부터 '블렌딩', '사이트 워드'에 이르기까지 4가지가 모두 충족되어야 합니다.
《바쁜 초등학생을 위한 빠른 파닉스》에는 Decoding에 꼭 필요한 4가지를 모두 책 속에 녹여 내어 근본적인 영어 학습에 도움이 되도록 구성했습니다.

미국 어린이들이 배우는 82개의 필수 소리 패턴을 배워요!

2권에서는 단모음, 장모음, 연속자음, 이중자음, 이중모음, R 통제모음까지 다양한 소리 패턴들을 배웁니다. 이 소리 패턴들은 미국 유치원부터 초등학교 1학년까지 배우는 주요한 소리 패턴입니다. 총 82개의 소리 패턴을 배우면 필수 소리 패

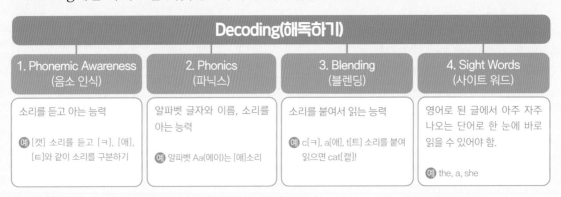

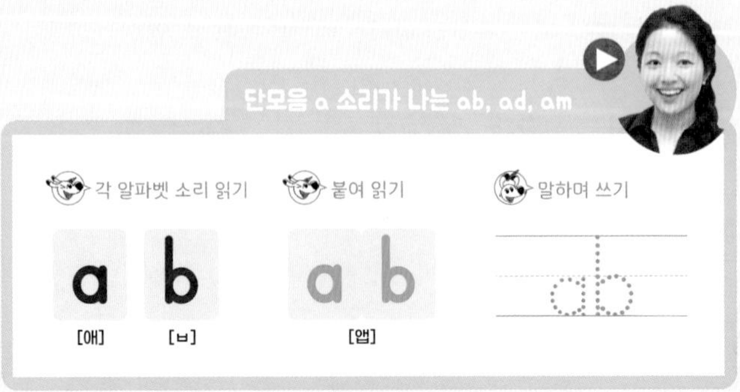

턴은 모두 익히게 됩니다. 단어와 문장도 미국 아이들이 학교에서 일상적으로 쓰는 것들로 선정했습니다.

매일 블렌딩 연습을 하면
단어 읽기가 쉬워져요!

'바빠 파닉스'는 아이들이 파닉스 공부를 하면서 특히 어려워하는 부분인 블렌딩을 집중 훈련합니다. 1권에서는 두 개의 소리를 이어 읽는 블렌딩 연습을 했다면 2권에서는 세 개 이상의 소리를 붙여서 읽는 연습을 합니다. 그래서 세 글자로 된 단어도 읽을 수 있습니다.
두 개의 알파벳이 만나 새로운 소리를 내는 소리 패턴을 적용해 블렌딩할 수 있으면 읽을 수 있는 단어가 많아집니다.
또 2권에서는 미국 어린이들이 빠뜨리지 않고 배우는 라이밍 워드(Rhyming Words)도 배웁니다. 끝소리가 같은 단어들을 찾는 연습을 하면 소리를 듣고 아는 능력을 향상시킬 수 있습니다.

한국 어린이들도 쉽게 따라하도록 학습 설계가 되어 있어요!

이 책에는 알파벳 소리를 최대한 한국어로 표현하려고 노력했습니다. 하지만 일부 한계가 있을 수밖에 없습니다. 정확한 소리는 선생님의 유튜브 강의를 들으면서 보완할 수 있습니다. 또 동영상 강의에서 문장을 읽어 줄 때도 처음에는 단어 단위로, 두 번째는 전체 문장을 한 번에 읽도록 구성해 한국 어린이들의 읽는 속도를 고려했습니다.

유튜브로 집에서 미국 초등학교 선생님의 강의를 들으며 배워요!

이 책의 목표는 미국에 유학 오지 않아도, 실제 미국 유치원과 초등학교 선생님에게 배우는 것처럼 공부하는 것이에요. 이 책과 유튜브 강의를 보며 제 발음과 동작을 따라 하면 정확한 발음과 소리 교육을 통해 제대로 파닉스를 배울 수 있어요.
자, 이제 별쌤과 함께 즐겁게 파닉스 공부를 시작해 볼까요?

"Let's get started!"

별쌤 Stephanie Yim

동영상 강의와 함께 이 책을 공부하는 방법

이 책은 동영상 속 선생님의 수업을 들으면서 문제를 풀도록 구성했습니다.
QR코드를 찍는 순간, 뉴욕의 파닉스 수업이 시작됩니다!

원어민 발음으로 소리 패턴을 익혀요!
붙여 읽기
a b
미국에선 팔을 이용해 블렌딩 연습을 해요!
l+ab → lab

준비 단계 | 알파벳 글자, 소리 알기

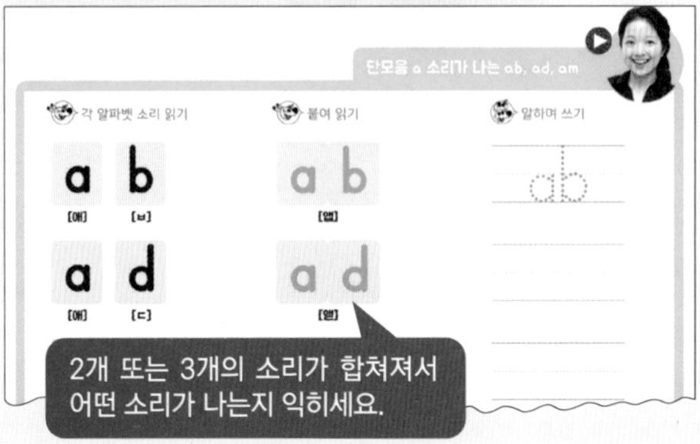

2개 또는 3개의 소리가 합쳐져서 어떤 소리가 나는지 익히세요.

A 단계 | 단어 듣고 따라 읽기

A Listen and Repeat
l+ab → lab
b+ad → bad
h+am → ham
c+ab → cab
s+ad → sad
r+am → ram

별쌤을 따라 단어를 블렌딩해 보세요.

B단계 | 단어 듣고 쓰기

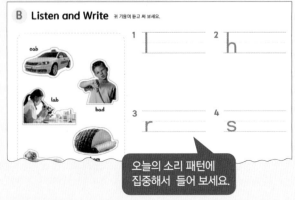

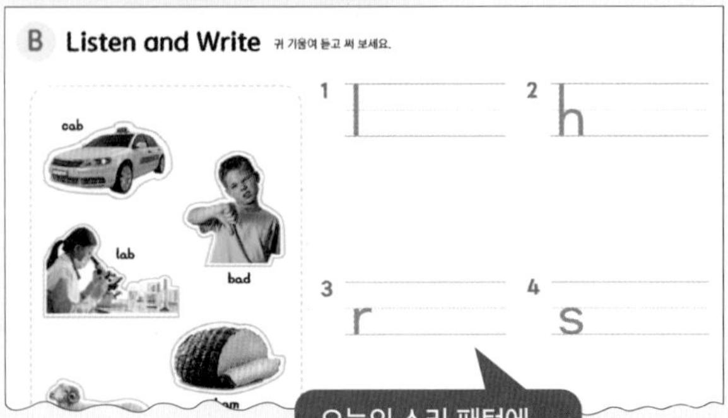
B Listen and Write
cab
lab
bad
1 l
2 h
3 r
4 s

오늘의 소리 패턴에 집중해서 들어 보세요.

한국 어린이들이 따라
할 수 있게 단어 단위
로 나눠서 읽어 줘요.

The lab is big.

The ram is sad.

Rhyming words

Rhyming words는
끝소리가 같아요!

C **Read, Circle, and Sort** 문장을 읽고 ab, ad, am 소리로 끝나는 단어를 찾아 ○표 하고 분류도 해 보세요.

The (lab) is big. ◀ 문장 속에 숨겨진 소리 패턴을 찾아보세요.

The ham is bad.

The ram is sad.

ab로 끝나는 단어예요.

-ab	-ad	-am
lab	_____, _____	_____, _____

별쌤과 함께 라이밍 워드

라이밍 워드 (rhyming words)는 끝소리가 같은 단어들이에요. 라이밍 워드는 일정한 소리가 반복되기
때문에 단어를 쉽게 따라 읽을 수 있어요. 미국에서는 저학년 때부터 라이밍 워드 활동을 매일 연습해요.
별쌤을 따라 라이밍 워드를 큰 소리로 따라 읽어 보세요.

ab   l_____   c_____   t_____

They all end in _____.   끝소리가 같은 단어를 배워요.

바쁜 초등학생을 위한
빠른 파닉스

Phonics

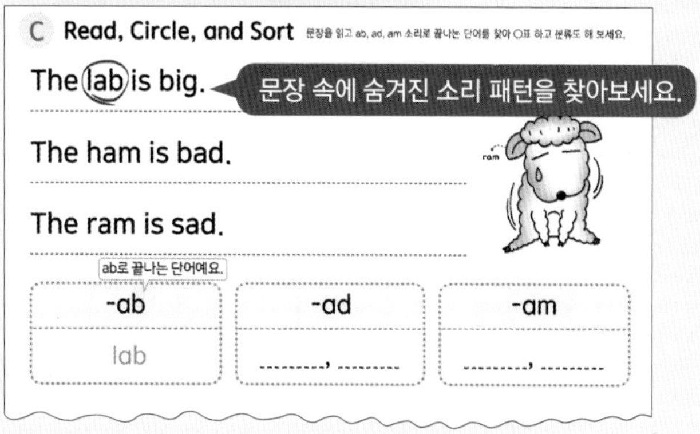

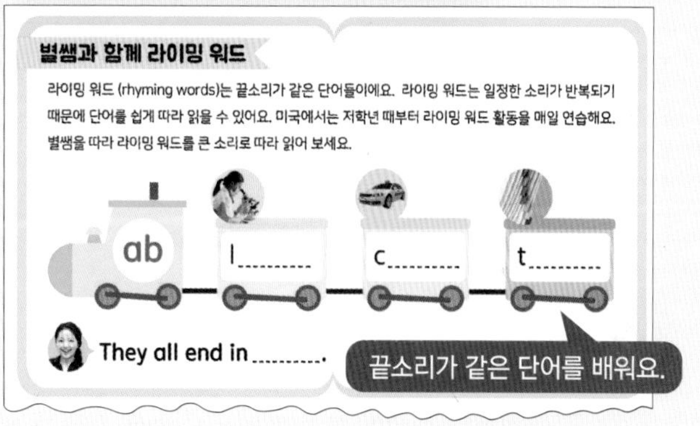

부모님 이렇게 도와주세요!

1. 온라인 강의에 익숙해지도록 도와주세요.
   온라인 강의는 집중하기 어려울 수 있어요. 처음 시청할 때는 실제 수
   업 시간처럼 책상에 바른 자세로 앉아서 공부하는 환경을 만들어 주
   세요. 또 선생님이 "듣고 따라하세요."라고 할 때는 반드시 큰 소리로
   따라하도록 지도해 주세요!

2. '일시 정지' 버튼을 활용해 아이의 학습 속도에 맞추어 공부하세요!
   각 유닛의 동영상 강의는 평균 **8~9분**입니다. 아이의 학습 속도에 맞
   추어 '일시 정지' 버튼을 누르고 천천히 진행하셔도 좋습니다.

Contents

바쁜 초등학생을 위한 빠른 파닉스 – ❷ 단모음·장모음·이중 글자

1학년은 하루에 한 유닛씩, 2~3학년은 하루에 두 유닛씩 공부하세요!
뒷 유닛을 공부하기 전, 앞 유닛을 큰 소리로 읽어 보세요!

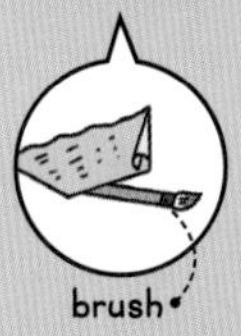
brush

toy

Phonics

Contents

바쁜
초등학생을 위한
빠른
파닉스
phonics

바쁜 초등학생을 위한 빠른 파닉스 – ❶ 알파벳 소릿값

'바쁜 초등학생을 위한 빠른 파닉스' 책의 구성

1권
알파벳 소릿값
A – Z

→

2권
단모음·장모음·
이중 글자

파닉스 기본을 탄탄히!

Vowels	Consonants
단모음 5개 소리	자음 21개 소리

본격적인 단어와 문장 읽기!

Short Vowels	Long Vowels	Consonant Blends & Digraphs	Diphthongs & R-controlled Vowels
단모음 28개 패턴	장모음 20개 패턴	연속자음과 이중자음 21개 패턴	이중모음과 R 통제모음 13개 패턴

첫째 마당

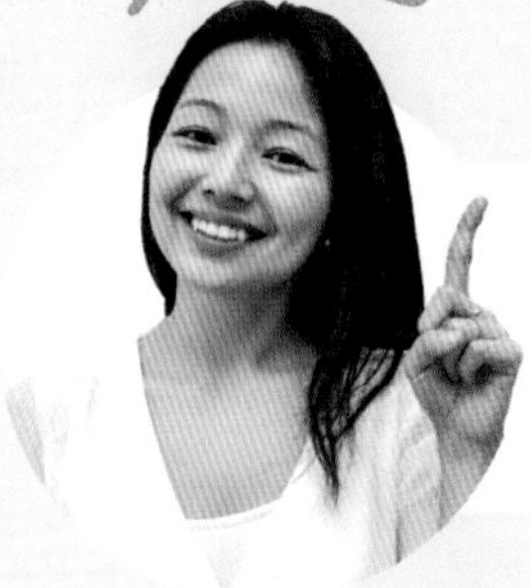

단모음

Short Vowels

단모음은 흔히 '자음+모음+자음'으로 이루어진 단어에서 중간에 들어가는 모음 소리예요. 첫째 마당에서는 단모음과 자주 쓰는 자음을 함께 공부할 거예요. 1권에서 공부한 알파벳 대표 소릿값을 기억한다면 단어를 쉽게 읽을 수 있어요.

첫째 마당을 배우면 읽을 수 있는 단어

map

bed

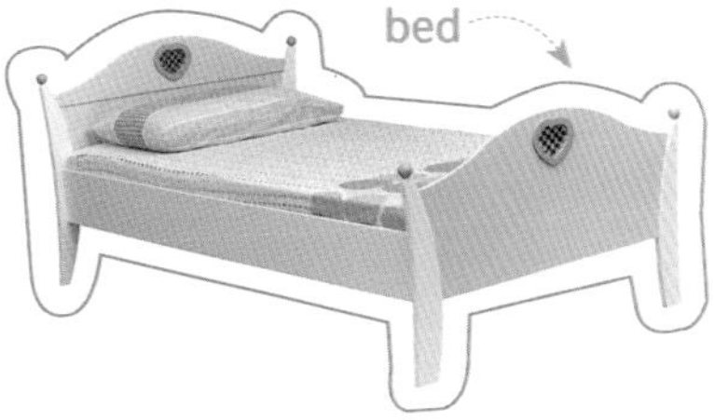

bib

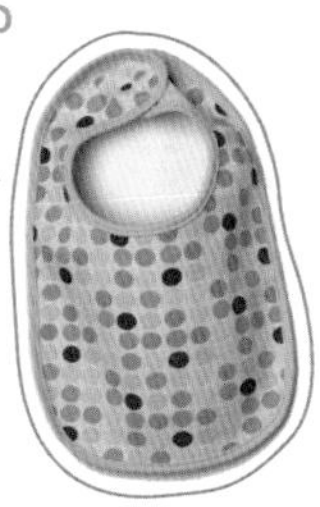

pot

cup

unit 01 lab, bad, ham을 읽어요

unit 01 강의

단모음 a 소리가 나는 ab, ad, am

각 알파벳 소리 읽기

a [애] b [ㅂ]

a [애] d [ㄷ]

a [애] m [음(ㅁ)]

붙여 읽기

a b [앱]

a d [앹]

a m [앰]

말하며 쓰기

ab

* 단모음 a(에이)는 1권에서 배운 알파벳 Aa[애] 소리와 같아요.

A Listen and Repeat 듣고 따라 읽어 보세요.

l+ab → lab

c+ab → cab

b+ad → bad

s+ad → sad

h+am → ham

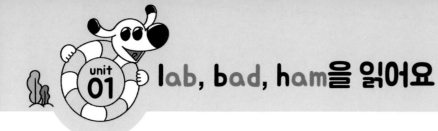

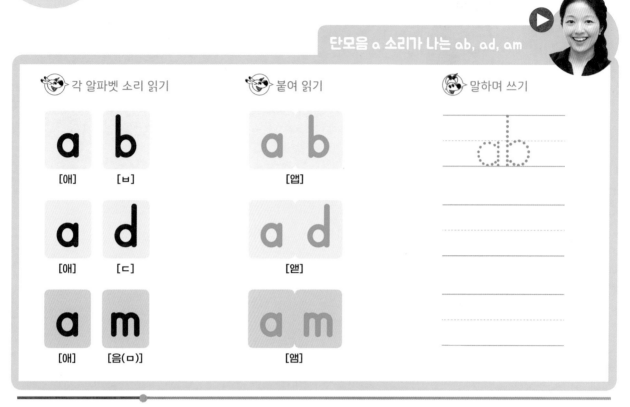

r+am → ram

오늘의 단어 lab 실험실 cab 택시 bad 나쁜 sad 슬픈 ham 햄 ram 양

B Listen and Write 귀 기울여 듣고 써 보세요.

1 l

2 h

3 r

4 s

5 b

6 c

C Read, Circle, and Sort 문장을 읽고 ab, ad, am 소리로 끝나는 단어를 찾아 ○표 하고 분류도 해 보세요.

The lab is big.

The ham is bad.

The ram is sad.

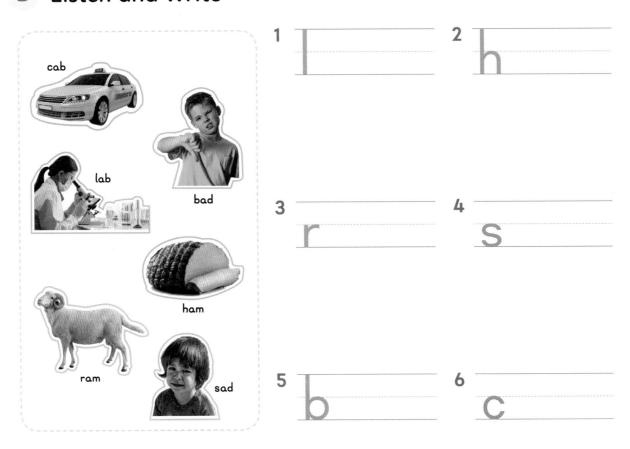

ab로 끝나는 단어예요.

-ab	-ad	-am
lab	________, ________	________, ________

해석 실험실이 커요. 햄이 상한 상태예요. 양이 슬퍼요.

Write 그림과 어울리는 단어를 <보기>에서 찾아 써 보세요.

보기

bad cab ram sad ham lab

1

c ☐ ☐

2

b ☐ ☐

3

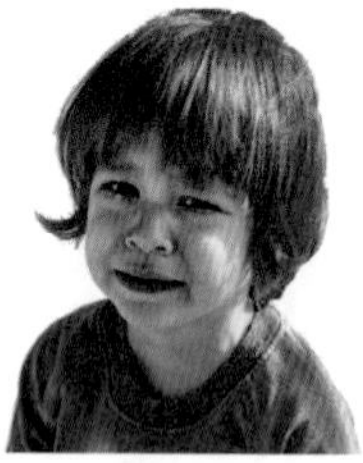

s ☐ ☐

4

h ☐ ☐

5

r ☐ ☐

6

l ☐ ☐

별쌤과 함께 라이밍 워드

라이밍 워드 (rhyming words)는 끝소리가 같은 단어들이에요. 라이밍 워드는 일정한 소리가 반복되기 때문에 단어를 쉽게 따라 읽을 수 있어요. 미국에서는 저학년 때부터 라이밍 워드 활동을 매일 연습해요. 별쌤을 따라 라이밍 워드를 큰 소리로 따라 읽어 보세요.

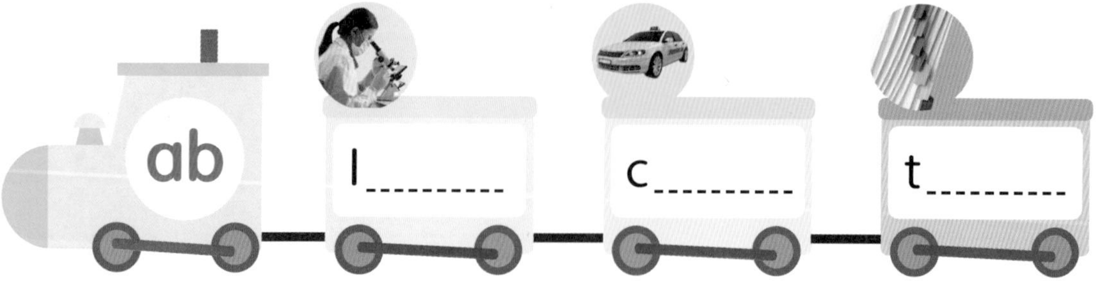

They all end in __________.

새로운 단어 **tab** 색인표

unit 02
pan, map, bat를 읽어요

단모음 a 소리가 나는 an, ap, at

각 알파벳 소리 읽기

a [애] **n** [은(ㄴ)]

a [애] **p** [ㅍ]

a [애] **t** [ㅌ]

붙여 읽기

a n [앤]

a p [앺]

a t [앧]

말하며 쓰기

an

A Listen and Repeat 듣고 따라 읽어 보세요.

p+an → pan

v+an → van

m+ap → map

n+ap → nap

b+at → bat

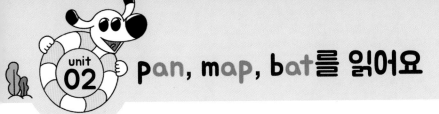

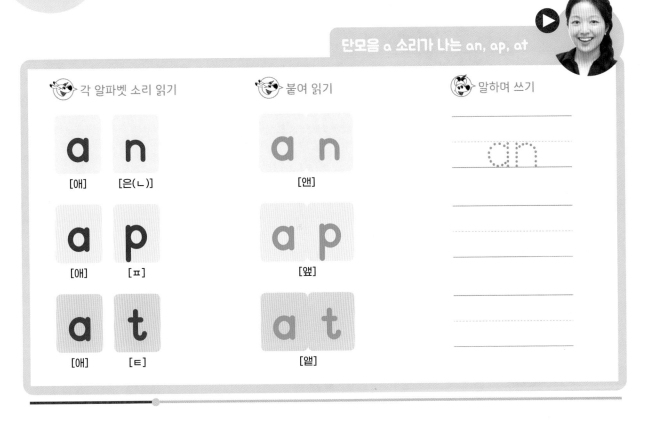

m+at → mat

오늘의 단어 pan (손잡이가 달린) 냄비 van 밴 map 지도 nap 낮잠 bat 박쥐 mat 매트

B Listen and Write 귀 기울여 듣고 써 보세요.

1 m

2 b

3 m

4 v

5 p

6 n

C Read, Circle, and Sort 문장을 읽고 an, ap, at 소리로 끝나는 단어를 찾아 ○표 하고 분류도 해 보세요.

The pan is hot.

The map is big.

The mat is red.

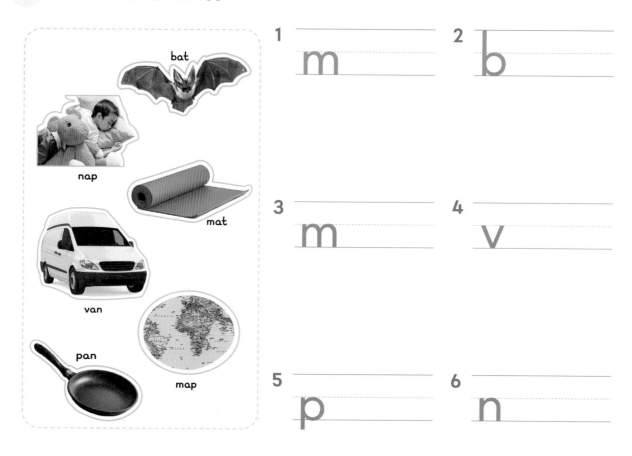

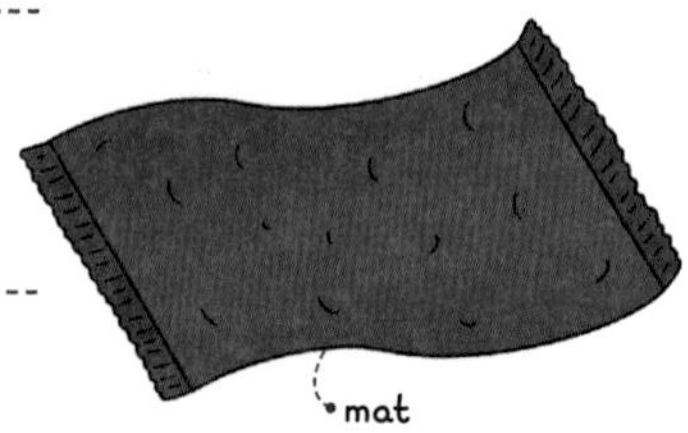

-an	-ap	-at

해석 냄비가 뜨거워요. 지도가 커요. 매트는 빨간색이에요.

Connect and Write 소리를 듣고 글자를 이어서 단어를 만들어 써 보세요.

1

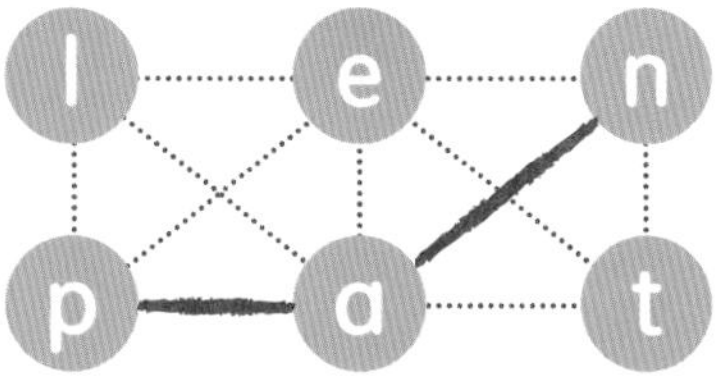

l e n
p a t

pan

2

n a p
b o t

3

m a b
c e t

4

b e t
r a n

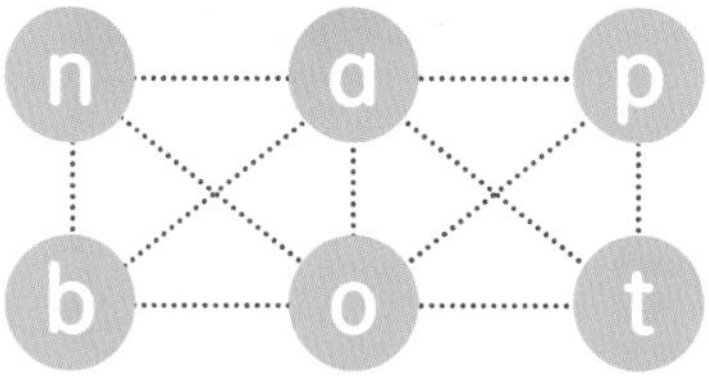

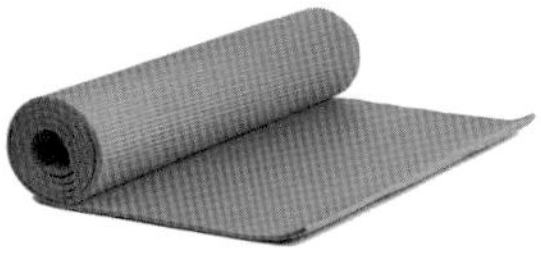

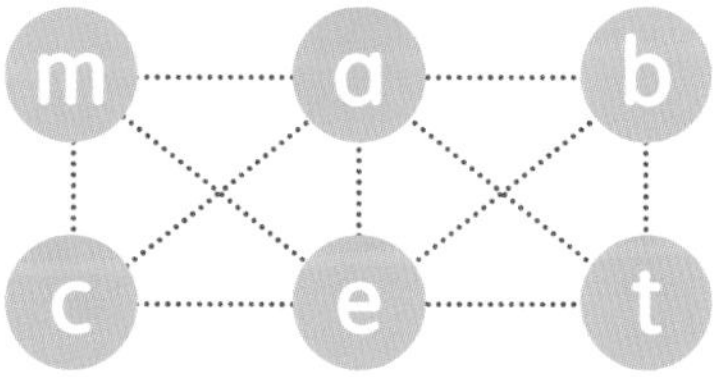

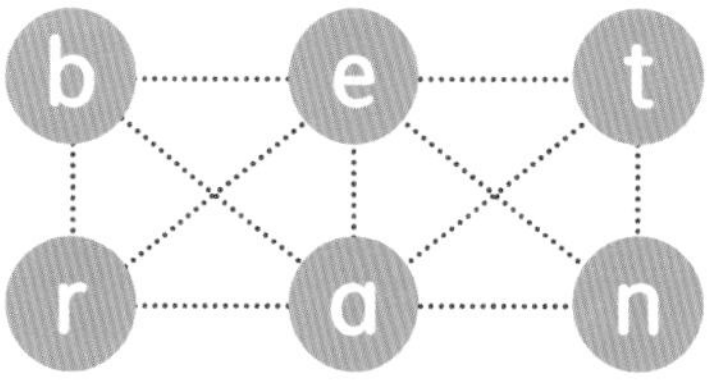

별쌤과 함께 라이밍 워드

an으로 끝나는 단어들을 배워 봐요. 별쌤이 읽어 주는 소리를 잘 듣고 빈칸을 채워 보세요.

an   p_____   v_____   f_____

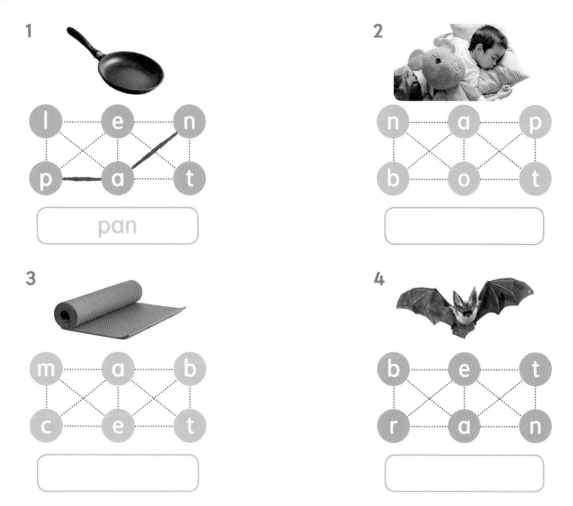

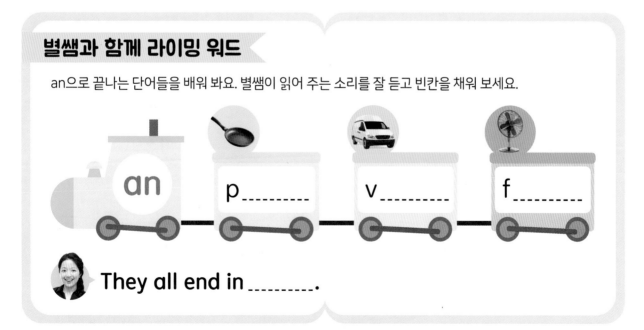

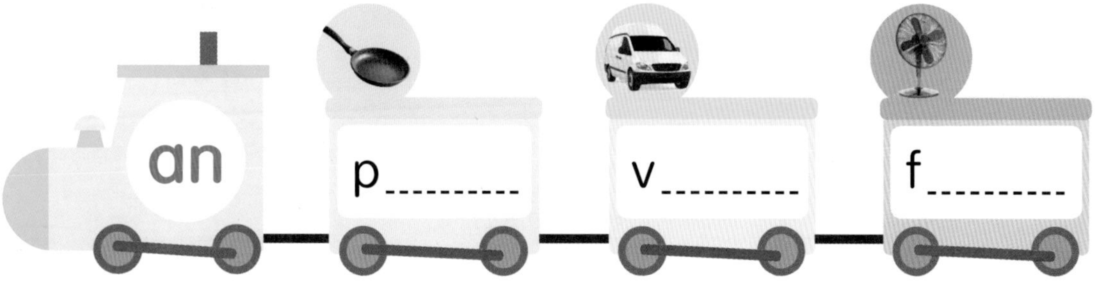

They all end in _____.

새로운 단어 fan 선풍기

bed, pen, jet를 읽어요

unit 03 강의

단모음 e 소리가 나는 ed, en, et

각 알파벳 소리 읽기		붙여 읽기	말하며 쓰기
e [에]	d [ㄷ]	ed [엗]	ed
e [에]	n [은(ㄴ)]	en [엔]	
e [에]	t [ㅌ]	et [엩]	

* 단모음 e(이)는 1권에서 배운 알파벳 Ee[에] 소리와 같아요.

A Listen and Repeat 듣고 따라 읽어 보세요.

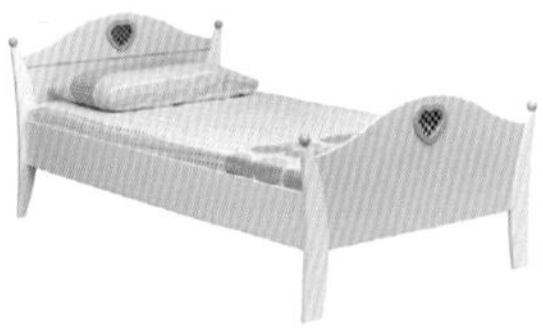

b+ed → bed

p+en → pen

j+et → jet

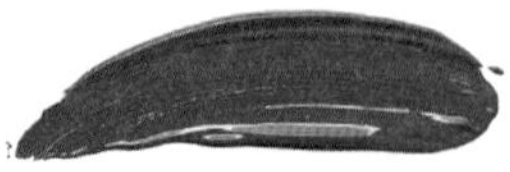

r+ed → red

t+en → ten

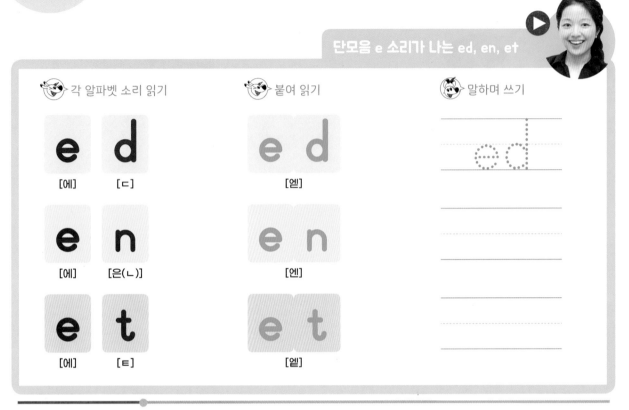

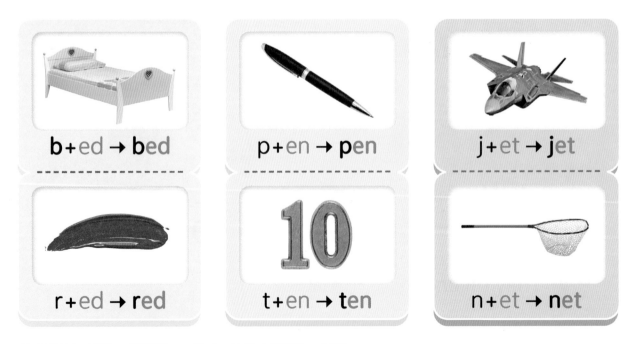

n+et → net

오늘의 단어 bed 침대 red 빨간(색) pen 펜 ten 10, 열 jet 제트기 net 그물

B Listen and Write 귀 기울여 듣고 써 보세요.

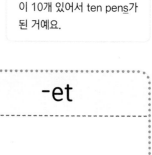

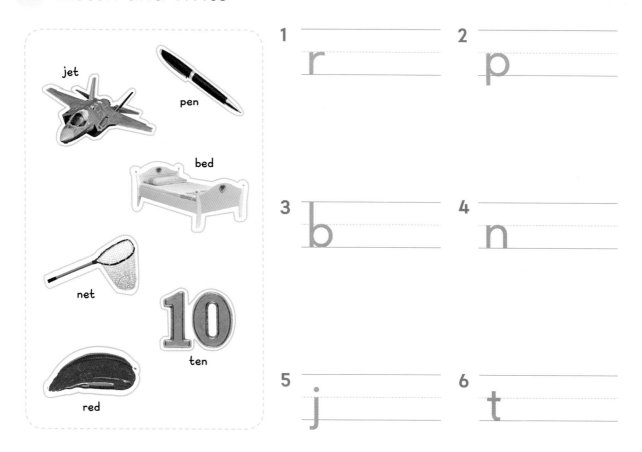

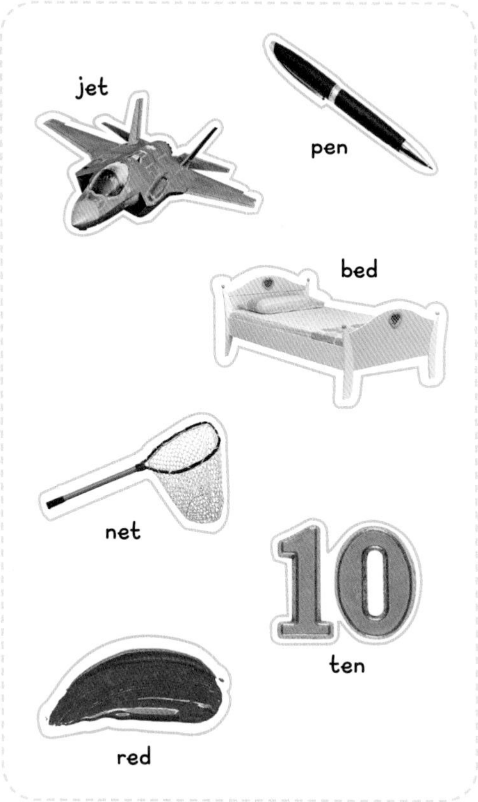

1 r

2 p

3 b

4 n

5 j

6 t

C Read, Circle, and Sort 문장을 읽고 ed, en, et 소리로 끝나는 단어를 찾아 O표 하고 분류도 해 보세요.

I have a red bed.

I have ten pens.

I have a net.

별쌤의 한마디!

'pen' 단어 뒤에는 왜 s가 붙어 있을까요? pen과 같이 물건을 의미하는 단어가 두 개 이상일 때는 그 단어 뒤에 s나 es를 붙여요. 여기서는 펜이 10개 있어서 ten pens가 된 거예요.

-ed	-en	-et
________, ________	________, ________s	

해석 나는 빨간 침대를 가지고 있어요. 나는 펜을 10개 가지고 있어요. 나는 그물을 가지고 있어요.

Circle 그림과 끝소리가 같은 단어를 찾아 ○표 해 보세요.

1

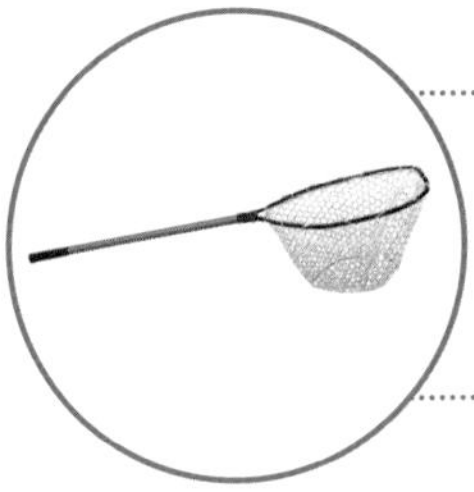

ten	jet	pan	lab

2

mat	ram	nap	ten

3

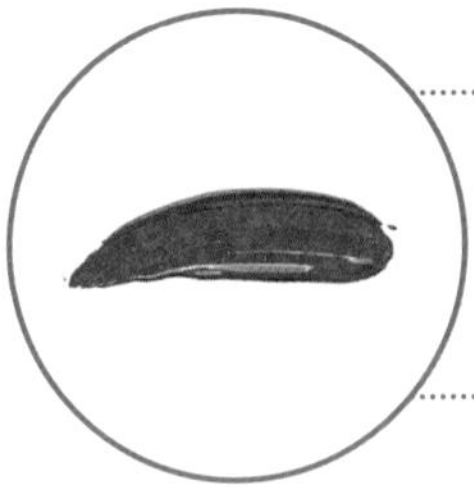

ham	van	bed	cab

별쌤과 함께 라이밍 워드

ed로 끝나는 단어들을 배워 봐요. 별쌤이 읽어 주는 소리를 잘 듣고 빈칸을 채워 보세요.

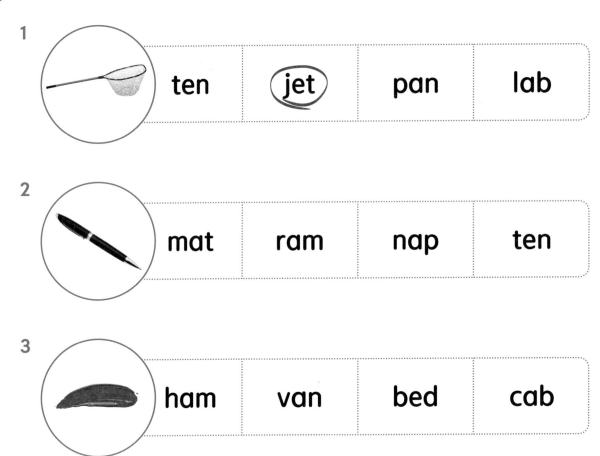

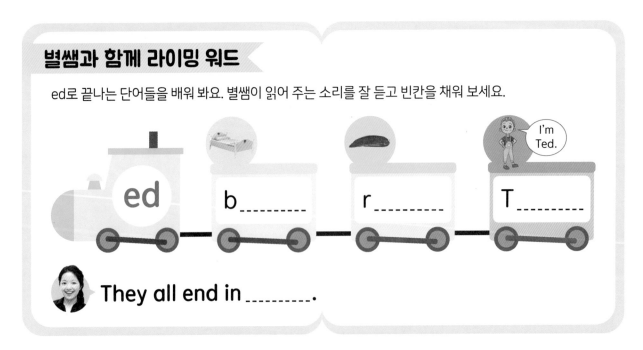

They all end in ________.

새로운 단어 Ted 테드(남자 이름)

gem, send, best를 읽어요

단모음 e 소리가 나는 em, end, est

각 알파벳 소리 읽기

e [에]　m [음(ㅁ)]

e [에]　n [은(ㄴ)]　d [ㄷ]

e [에]　s [ㅅ]　t [ㅌ]

붙여 읽기

e m [엠]

e n d [엔드]

e s t [에스트]

말하며 쓰기

em

A Listen and Repeat 듣고 따라 읽어 보세요.

g+em → gem

st+em → stem

s+end → send

b+end → bend

b+est → best

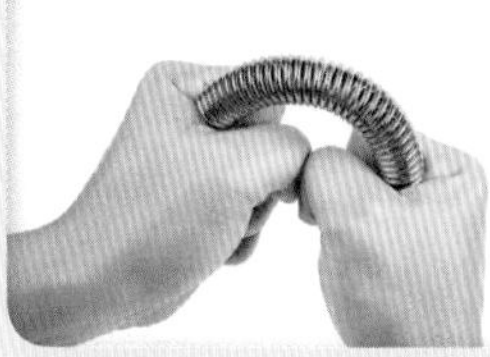

n+est → nest

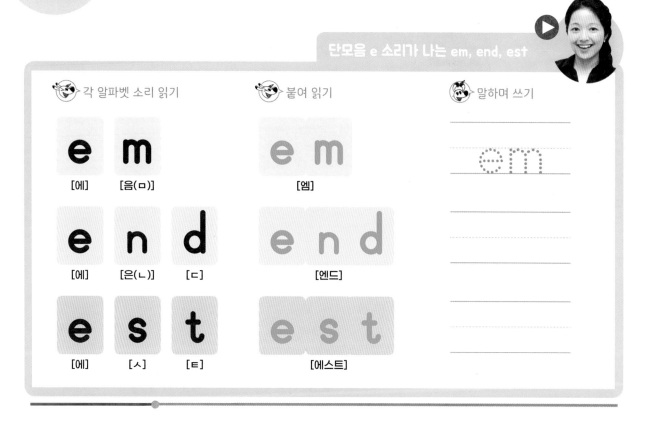

오늘의 단어 gem 보석　stem 줄기　send 보내다　bend 굽히다, 구부리다　best 제일 좋은　nest 둥지
* g는 [ㄱ] 소리 외에도 gem처럼 [저]로 소리 나는 경우도 있어요.

B Listen and Write 귀 기울여 듣고 써 보세요.

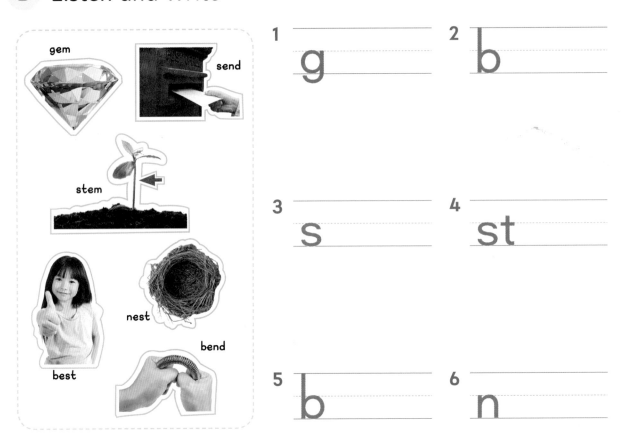

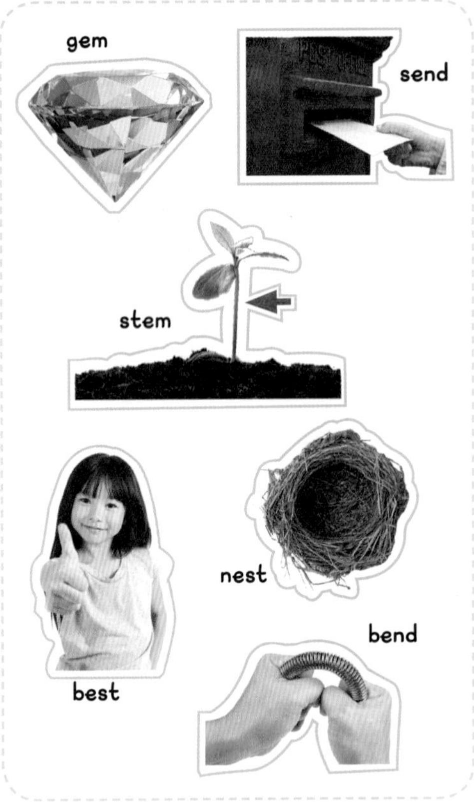

1 g

2 b

3 s

4 st

5 b

6 n

C Read, Circle, and Sort 문장을 읽고 em, est 소리로 끝나는 단어를 찾아 O표 하고 분류도 해 보세요.

Point to the gem.

Point to the stem.

Point to the nest.

별쌤의 한마디!

'Point to ~'는 어떤 물건을 손으로 가리킬 때 쓰는 표현이에요. 선생님과 함께 어떤 물건을 찾아 볼까요? 선생님이 "Point to the gem."과 같이 말하면 손가락으로 gem(보석)을 가리키면 돼요.

-em	-est
______, ______	

해석 보석을 (손으로) 가리켜 봐요. (식물) 줄기를 (손으로) 가리켜 봐요. 둥지를 (손으로) 가리켜 봐요.

Circle and Write 그림과 어울리는 단어에 ○표 하고 빈칸에 단어를 써 보세요.

1

stem | star

stem

2

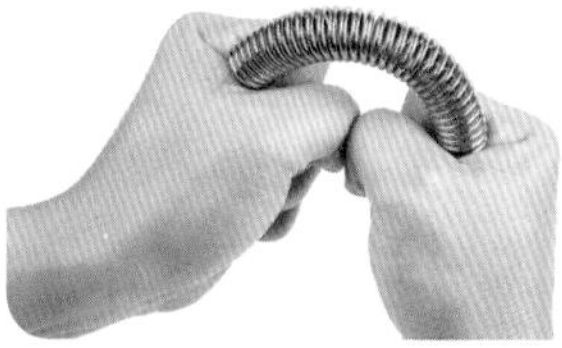

bend | bus

3

bed | best

4

ham | gem

5

nest | net

6

sad | send

별쌤과 함께 라이밍 워드

em으로 끝나는 단어들을 배워 봐요. 별쌤이 읽어 주는 소리를 잘 듣고 빈칸을 채워 보세요.

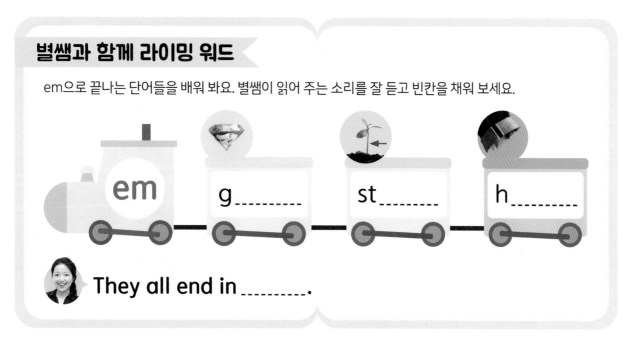

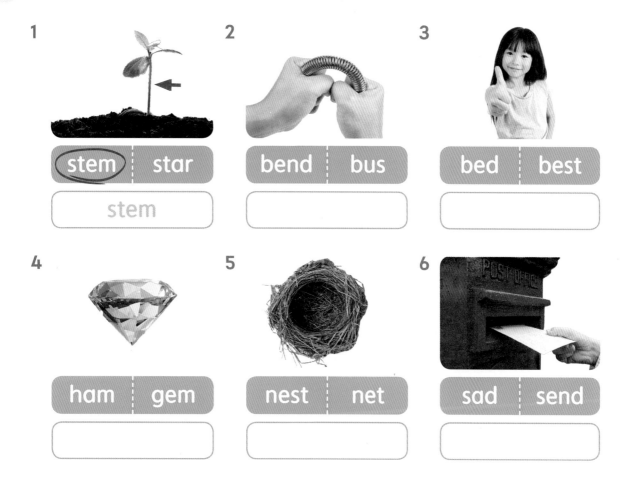

They all end in __________.

새로운 단어 hem (옷의) 단

unit 05 강의

unit 05 bib, kid, pig를 읽어요

단모음 i 소리가 나는 ib, id, ig

각 알파벳 소리 읽기		붙여 읽기	말하며 쓰기
i [이]	b [ㅂ]	ib [입]	ib
i [이]	d [ㄷ]	id [읻]	
i [이]	g [ㄱ]	ig [익]	

* 단모음 i(아이)는 1권에서 배운 알파벳 Ii[이] 소리와 같아요.

A Listen and Repeat 듣고 따라 읽어 보세요.

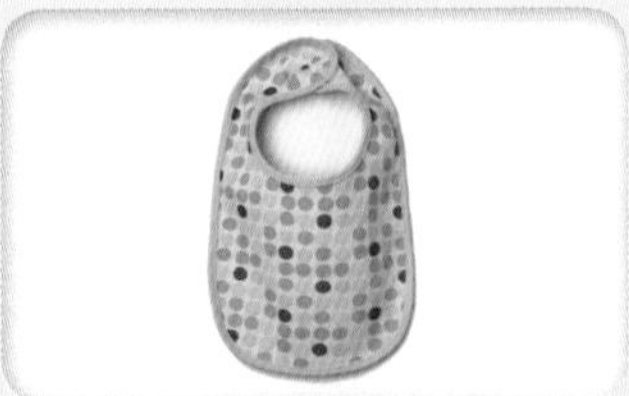

b+ib → bib

k+id → kid

p+ig → pig

r+ib → rib

l+id → lid

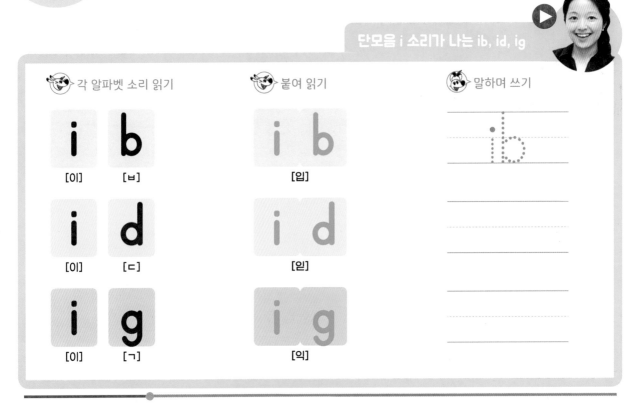

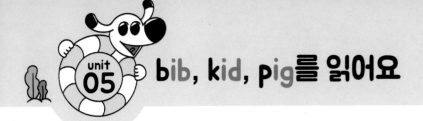

d+ig → dig

오늘의 단어 bib 턱받이 rib 갈비뼈 kid 어린이 lid 뚜껑 pig 돼지 dig 파다

B Listen and Write 귀 기울여 듣고 써 보세요.

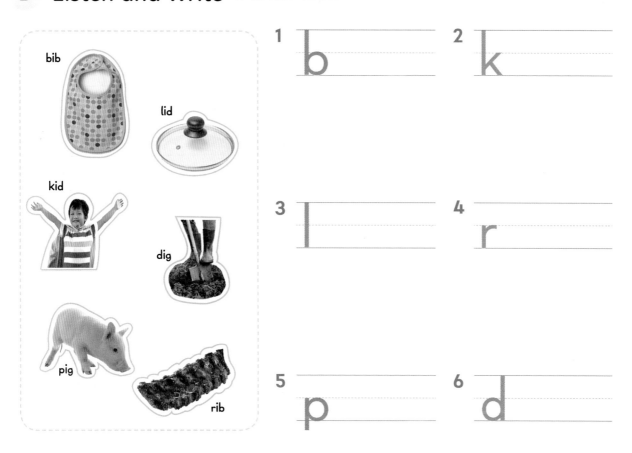

1 b

2 k

3 l

4 r

5 p

6 d

C Read, Circle, and Sort 문장을 읽고 ib, id, ig 소리로 끝나는 단어를 찾아 ○표 하고 분류도 해 보세요.

Here is the bib.

Here is the kid.

Here is the pig.

별쌤의 한마디!

'Here is ~'는 어떤 것을 건네줄 때 사용하는 표현이에요. "Here is the bib."(여기에 턱받이가 있어요.)라고 말할 수 있어요.

-ib	-id	-ig

해석 여기에 턱받이가 있어요. 여기에 아이가 있어요. 여기에 돼지가 있어요.

Write
그림과 어울리는 단어를 <보기>에서 찾아 써 보세요.

보기

kid   pig   bib   lid   rib   dig

1 b ☐ ☐

2 k ☐ ☐

3 ☐ ☐ ☐

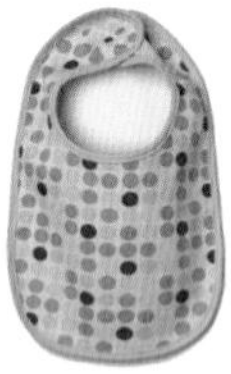

4 ☐ ☐ ☐

5 ☐ ☐ ☐

6 ☐ ☐ ☐

별쌤과 함께 라이밍 워드

ig으로 끝나는 단어들을 배워 봐요. 별쌤이 읽어 주는 소리를 잘 듣고 빈칸을 채워 보세요.

ig   p_____   d_____   w_____

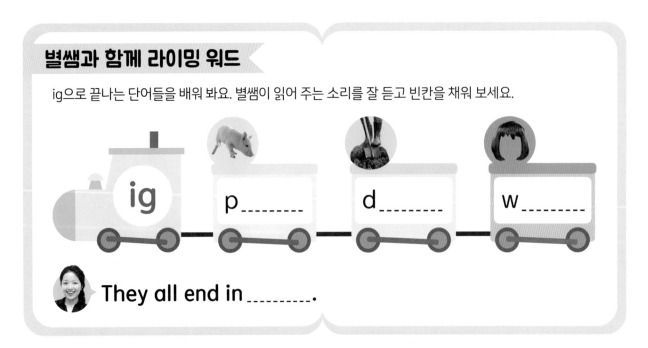

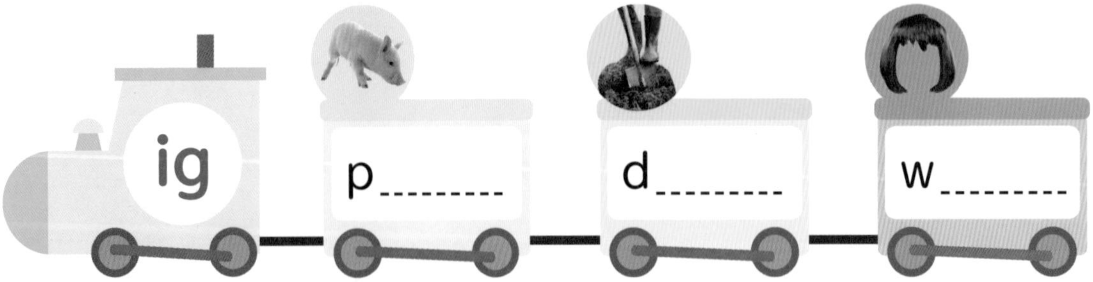

They all end in _____.

새로운 단어 wig 가발

fin, lip, sit를 읽어요

unit 06 강의

단모음 i 소리가 나는 in, ip, it

각 알파벳 소리 읽기		붙여 읽기	말하며 쓰기
i [이]	n [은(ㄴ)]	in [인]	in
i [이]	p [ㅍ]	ip [잎]	
i [이]	t [ㅌ]	it [잍]	

A Listen and Repeat 듣고 따라 읽어 보세요.

f+in → fin

l+ip → lip

s+it → sit

b+in → bin

h+ip → hip

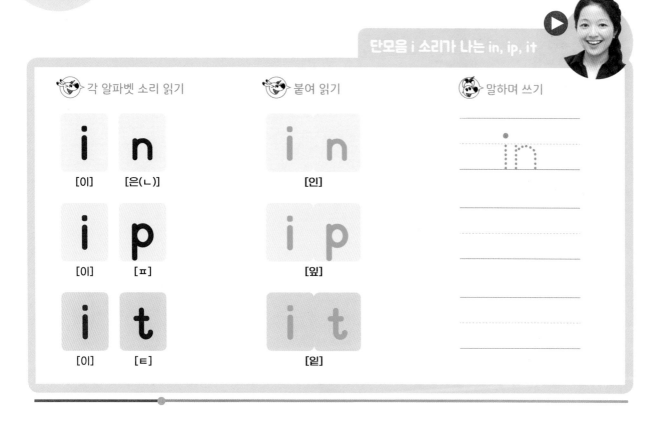

h+it → hit

오늘의 단어 fin 지느러미 bin 쓰레기통 lip (위 또는 아래의) 입술 hip 엉덩이 sit 앉다, 앉아 있다 hit 때리다(치다)

B Listen and Write 귀 기울여 듣고 써 보세요.

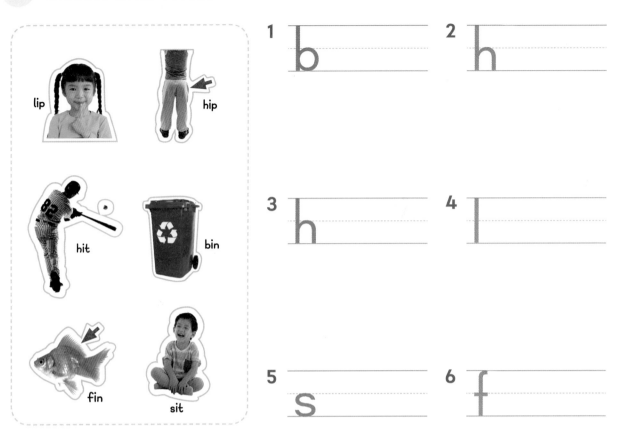

1 b

2 h

3 h

4 ‫‬

5 s

6 f

C Read, Circle, and Sort 문장을 읽고 in, ip, it 소리로 끝나는 단어를 찾아 ○표 하고 분류도 해 보세요.

Can you touch the fin?

Can you point to your lip?

Can you hit the baseball?

-in	-ip	-it

해석 지느러미를 만질 수 있나요? 네 입술을 가리킬 수 있나요? 야구공을 칠 수 있나요?

Connect and Write 소리를 듣고 글자를 이어서 단어를 만들어 써 보세요.

1

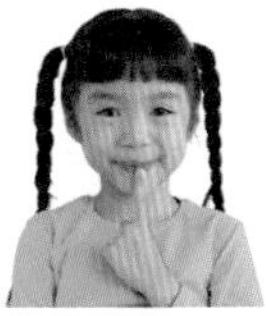

l e p
r i b

2

s i t
x a b

3

s i t
h o d

4

b u r
p i n

별쌤과 함께 라이밍 워드

ip으로 끝나는 단어들을 배워 봐요. 별쌤이 읽어 주는 소리를 잘 듣고 빈칸을 채워 보세요.

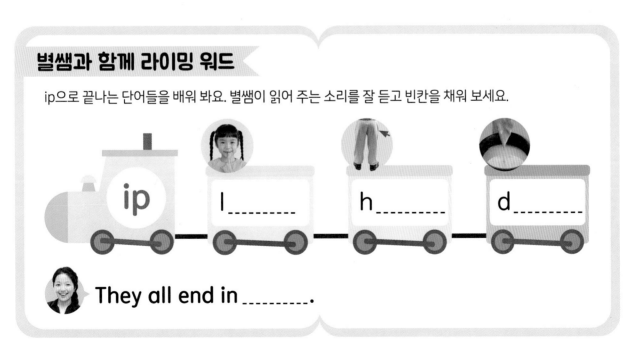

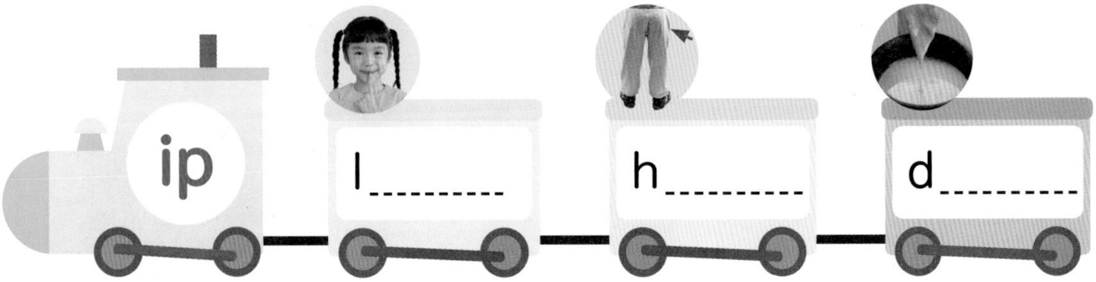

They all end in _____.

새로운 단어 dip 살짝 담그다

unit 07 hop, log를 읽어요

unit
07
강의

단모음 o 소리가 나는 op, og

각 알파벳 소리 읽기

o [아] p [ㅍ]

o [아] g [ㄱ]

붙여 읽기

o p [앞]

o g [악]

말하며 쓰기

op

* 단모음 o(오)는 1권에서 배운 알파벳 Oo[아] 소리와 같아요.

A Listen and Repeat 듣고 따라 읽어 보세요.

h+op → hop

t+op → top

m+op → mop

l+og → log

f+og → fog

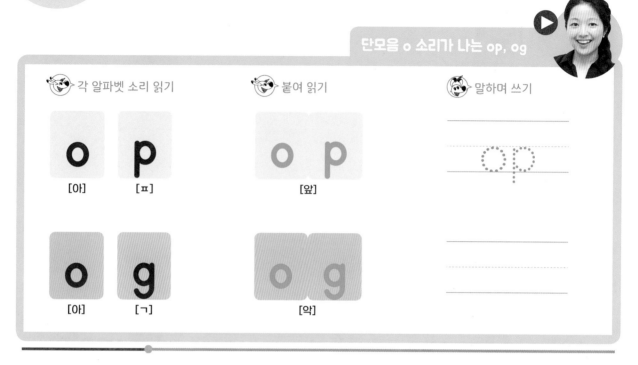

j+og → jog

오늘의 단어 hop 깡충깡충 뛰다 top 맨 위, 꼭대기 mop 대걸레 log 통나무 fog 안개 jog 조깅하다

B Listen and Write 귀 기울여 듣고 써 보세요.

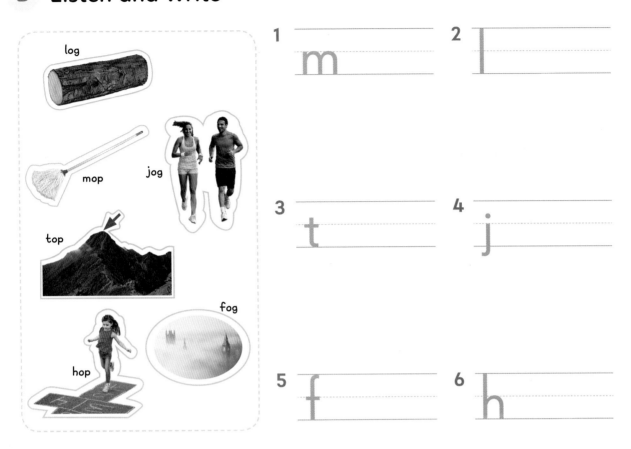

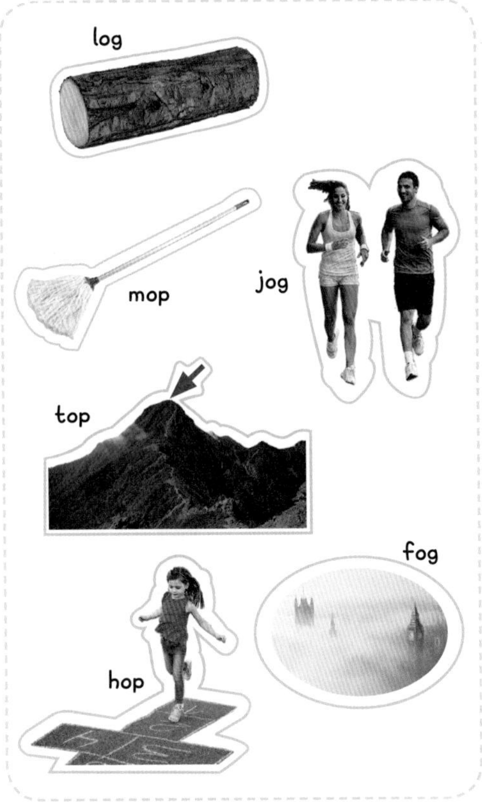

1 m

2 l

3 t

4 j

5 f

6 h

C Read, Circle, and Sort 문장을 읽고 op, og 소리로 끝나는 단어를 찾아 ○표 하고 분류도 해 보세요.

Can you see the mop?

Can you see the top?

Can you see the log?

별쌤의 한마디!

'Can you see ~?'는 '~이 보이나요?'라는 뜻이에요. 물어보는 문장일 때는 마지막 단어를 살짝 올려서 말하는 것이 좋아요.

-op	-og
______, ______	

해석 대걸레가 보이나요? 꼭대기가 보이나요? 통나무가 보이나요?

Circle 그림과 끝소리가 같은 단어를 찾아 ○표 해 보세요.

1

ant	fog	hip	top

2

log	bed	hop	nap

3

top	gem	bed	fog

별쌤과 함께 라이밍 워드

op으로 끝나는 단어들을 배워 봐요. 별쌤이 읽어 주는 소리를 잘 듣고 빈칸을 채워 보세요.

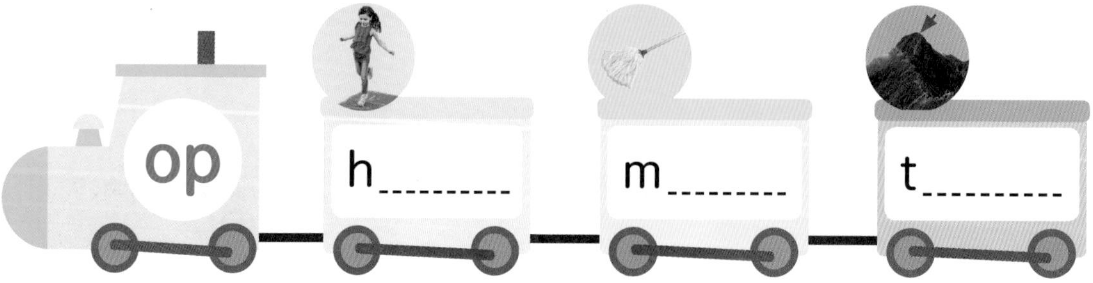

They all end in _________.

unit 08

fox, hot을 읽어요

unit 08 강의

단모음 o 소리가 나는 ox, ot

각 알파벳 소리 읽기 | 붙여 읽기 | 말하며 쓰기

o [아] x [크스] → ox [악스] → ox

o [아] t [트] → ot [앗] →

A Listen and Repeat 듣고 따라 읽어 보세요.

f+ox → fox

o+x → ox

b+ox → box

h+ot → hot

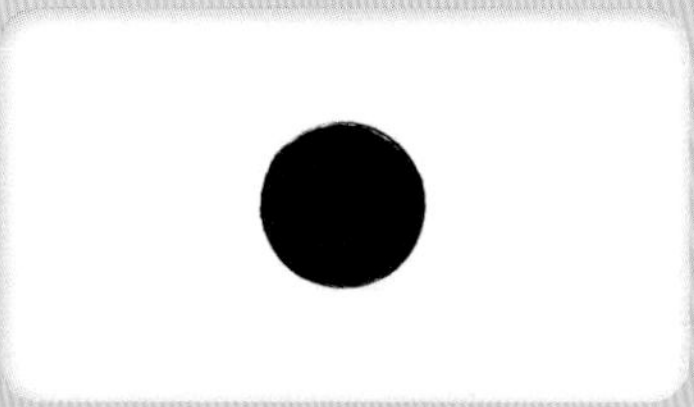
d+ot → dot

p+ot → pot

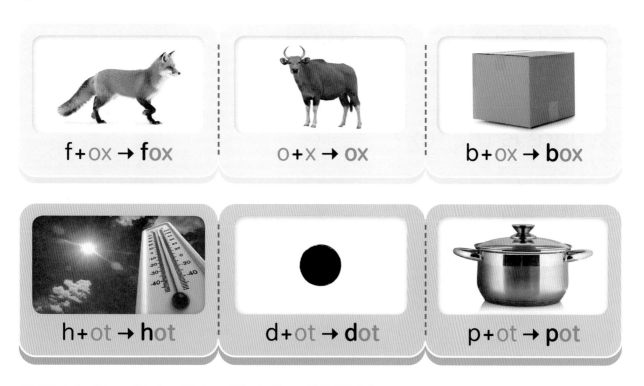

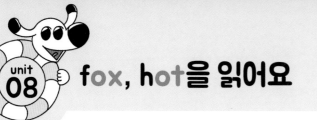

오늘의 단어 fox 여우 ox 황소 box 상자 hot 뜨거운 dot 점 pot (속이 깊은) 냄비

B Listen and Write 귀 기울여 듣고 써 보세요.

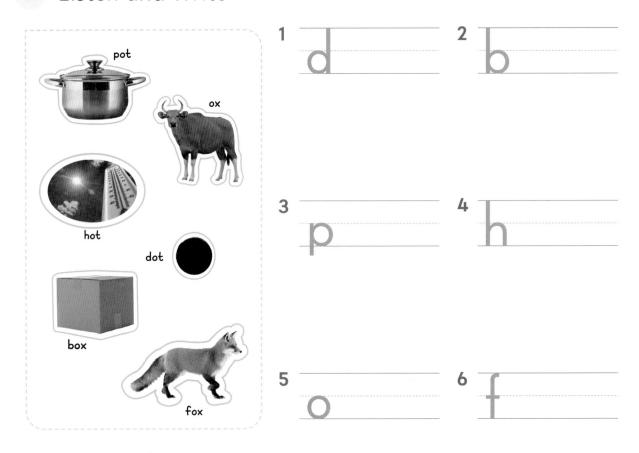

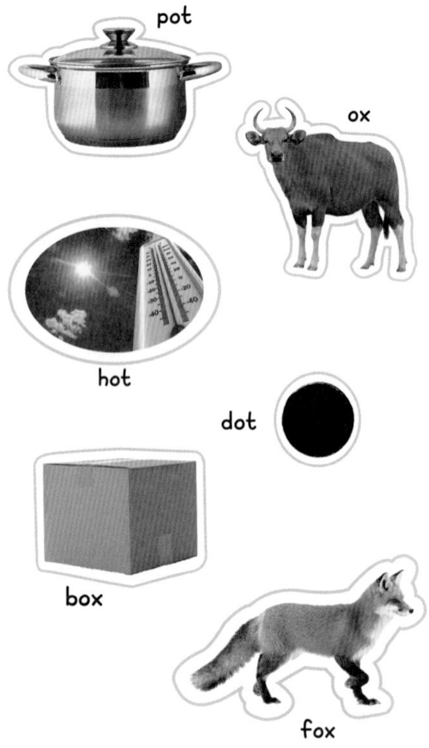

1 d

2 b

3 p

4 h

5 o

6 f

C Read, Circle, and Sort 문장을 읽고 ox, ot 소리로 끝나는 단어를 찾아 ○표 하고 분류도 해 보세요.

Where is the box?

Where is the fox?

Where is the pot?

별쌤의 한마디!

'Where is ~?'는 '~는 어디에 있나요?'라는 뜻으로 물건이나 사람 또는 동물의 위치를 물어볼 때 쓰이는 표현이에요.

-ox	-ot
______, ______	

해석 상자가 어디에 있어요? 여우는 어디에 있어요? 냄비는 어디에 있어요?

Circle and Write 그림과 어울리는 단어에 ○표 하고 빈칸에 단어를 써 보세요.

1

pot | pet

2

box | ball

3

box | ox

4

dad | dot

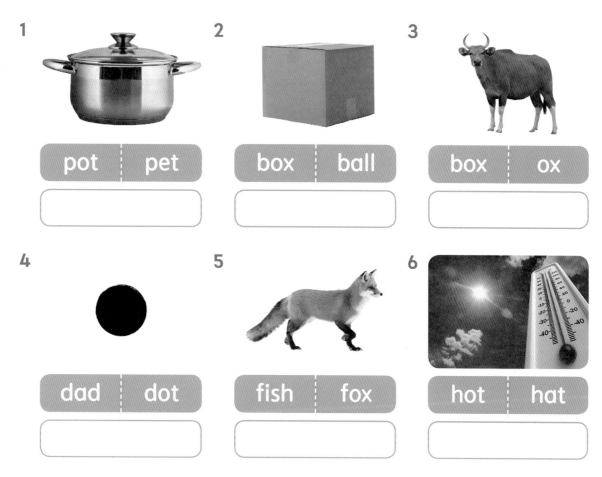

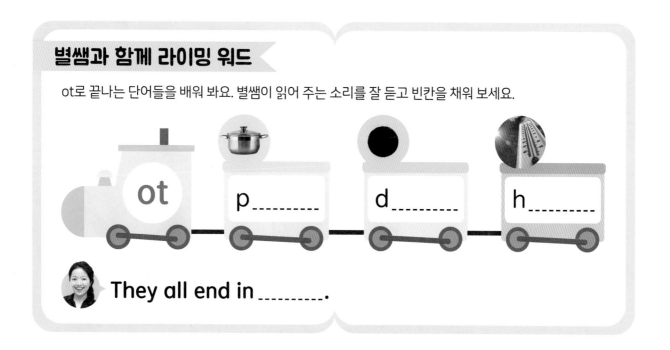

5

fish | fox

6

hot | hat

별쌤과 함께 라이밍 워드

ot로 끝나는 단어들을 배워 봐요. 별쌤이 읽어 주는 소리를 잘 듣고 빈칸을 채워 보세요.

ot   p_____   d_____   h_____

They all end in _____.

tub, bug, run을 읽어요

unit 09 강의

단모음 u 소리가 나는 ub, ug, un

각 알파벳 소리 읽기		붙여 읽기	말하며 쓰기
u [어]	b [ㅂ]	ub [업]	ub
u [어]	g [ㄱ]	ug [억]	
u [어]	n [은(ㄴ)]	un [언]	

* 단모음 u(유)는 1권에서 배운 알파벳 Uu[어] 소리와 같아요.

A Listen and Repeat 듣고 따라 읽어 보세요.

t+ub → tub

b+ug → bug

r+un → run

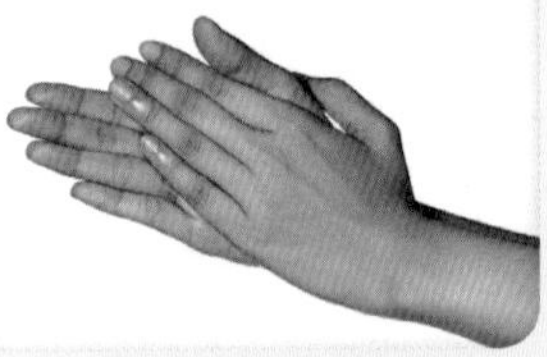

r+ub → rub

r+ug → rug

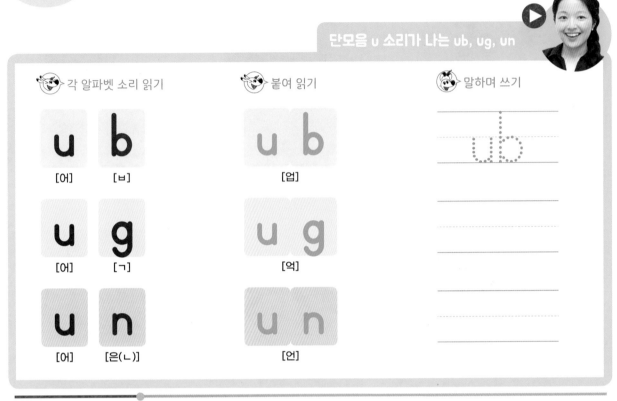

f+un → fun

오늘의 단어 tub 통, 욕조 rub 비비다 bug 벌레 rug (작은) 카펫 run 뛰다 fun 재미

B Listen and Write 귀 기울여 듣고 써 보세요.

1 f ______

2 r ______

3 r ______

4 t ______

5 r ______

6 b ______

C Read, Circle, and Sort 문장을 읽고 ub, ug 소리로 끝나는 단어를 찾아 ○표 하고 분류도 해 보세요.

Can you see the tub?

Can you see the bug?

Can you see the rug?

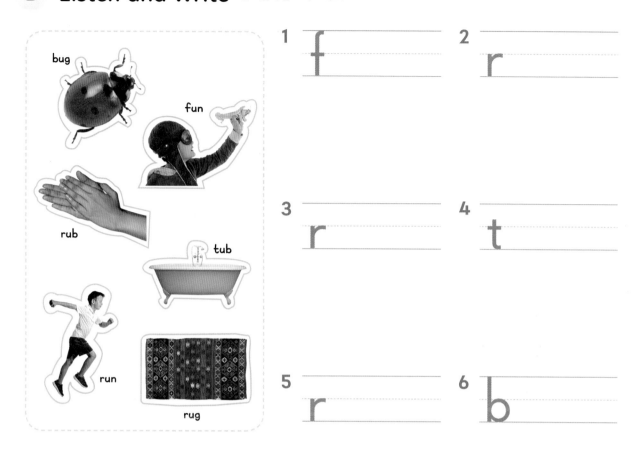

-ub	-ug
	______, ______

해석 욕조가 보이나요? 벌레가 보이나요? (작은) 카펫이 보이나요?

Write 그림에 어울리는 단어를 <보기>에서 찾아 써 보세요.

보기

tub bug run rub rug fun

1

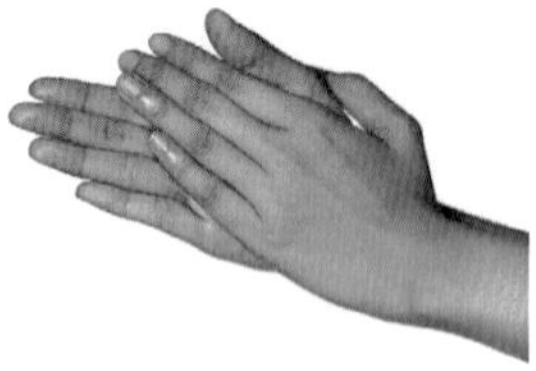

r__ __

2

__ __ __

3

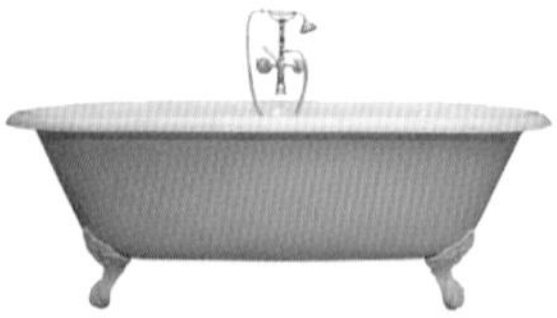

__ __ __

4

__ __ __

5

r__ __

6

f__ __

별쌤과 함께 라이밍 워드

ug로 끝나는 단어들을 배워 봐요. 별쌤이 읽어 주는 소리를 잘 듣고 빈칸을 채워 보세요.

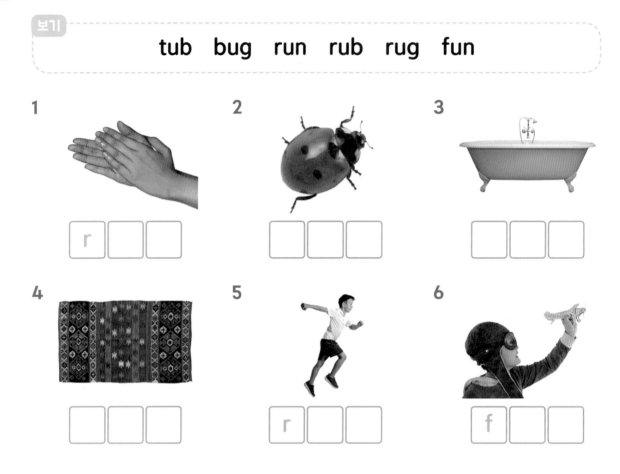

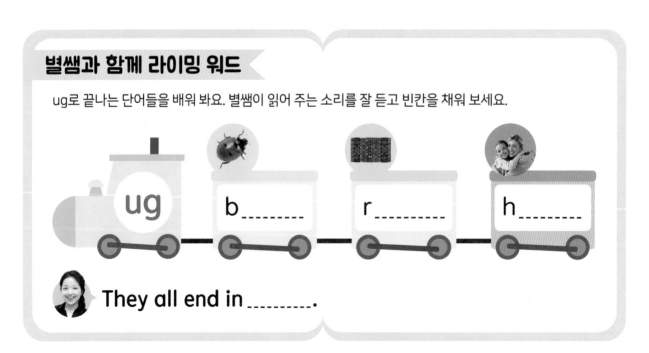

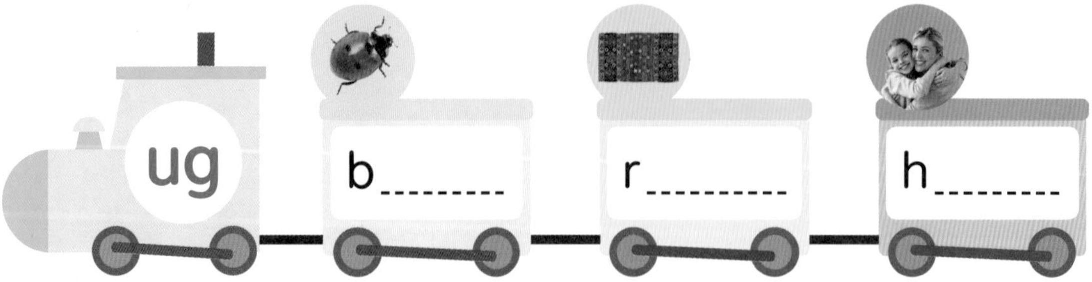

They all end in _________.

새로운 단어 hug (사람을) 껴안다

unit 10
nut, cup, jump를 읽어요

unit 10 강의

단모음 u 소리가 나는 ut, up, ump

각 알파벳 소리 읽기

u [어] t [트]

u [어] p [프]

u [어] m [음(ㅁ)] p [프]

붙여 읽기

u t [엍]

u p [엎]

u m p [엄프]

말하며 쓰기

ut

A Listen and Repeat 듣고 따라 읽어 보세요.

n+ut → nut

c+ut → cut

c+up → cup

p+up → pup

j+ump → jump

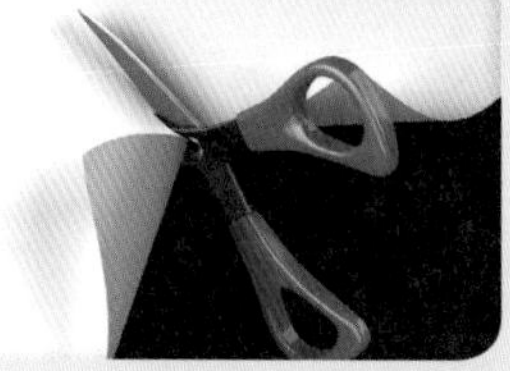

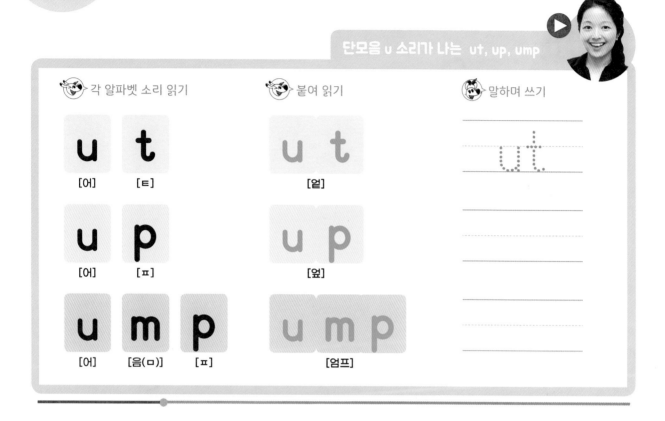

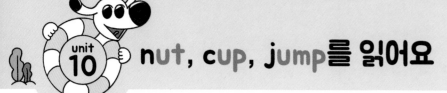

h+ump → hump

오늘의 단어 nut 견과 cut 자르다 cup 컵 pup 강아지(puppy의 줄임말) jump 뛰다 hump (낙타 등의) 혹

B Listen and Write 귀 기울여 듣고 써 보세요.

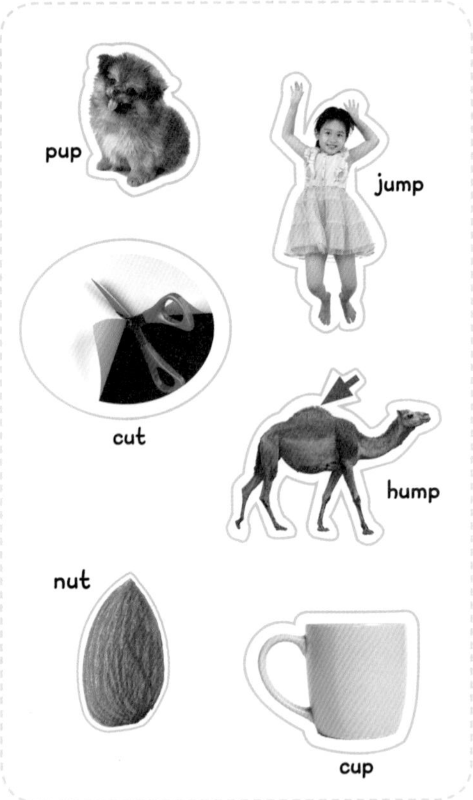

1 n

2 j

3 c

4 h

5 p

6 c

C Read, Circle, and Sort 문장을 읽고 ut, up 소리로 끝나는 단어를 찾아 ○표 하고 분류도 해 보세요.

Can you hold the nut?

Can you hold the cup?

Can you hold the pup?

별쌤의 한마디!

'Can you hold the ~?'는 '~를 들어 줄 수 있나요?'라는 뜻이에요. 친구들 또는 부모님과 함께 이 표현을 활용해 이야기를 나누어 보세요.

-ut	-up
______	______, ______

해석 견과를 들고 있어 줄 수 있나요? 컵을 들고 있어 줄 수 있나요? 강아지를 들고 있어 줄 수 있나요?

Circle and Write 그림과 어울리는 단어에 ○표 하고 빈칸에 단어를 써 보세요.

1

jump | stem

2

cut | nut

3

hump | gum

4

pup | pig

5

cup | car

6

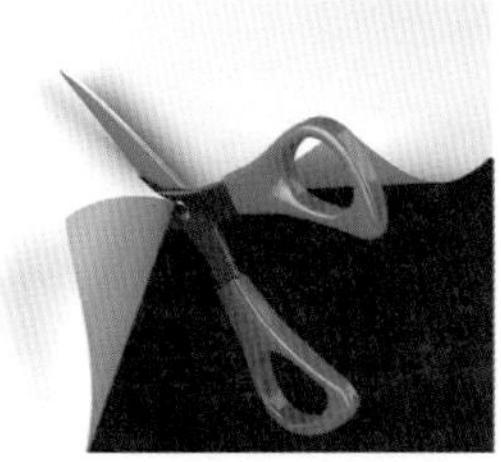

cat | cut

별쌤과 함께 라이밍 워드

ut로 끝나는 단어들을 배워 봐요. 별쌤이 읽어 주는 소리를 잘 듣고 빈칸을 채워 보세요.

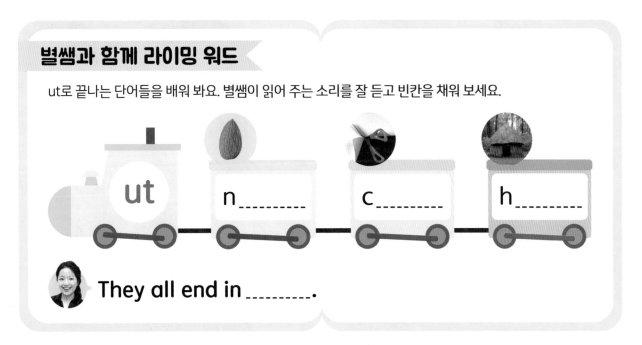

They all end in __________.

새로운 단어 hut 오두막

unit 11

단모음을 모아서 연습해요

unit 11 듣기

A Listen and Write 듣고 알맞은 글자를 찾아 ○표 하고 단어를 완성하세요.

1

am | an
ham

2

im | in
f

3

ot | ox
f

4
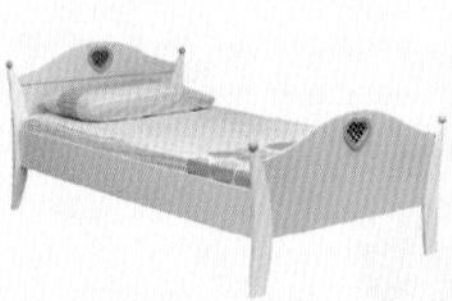
ed | et
b

B Listen and Circle 듣고 알맞은 단어에 ○표 하세요.

1
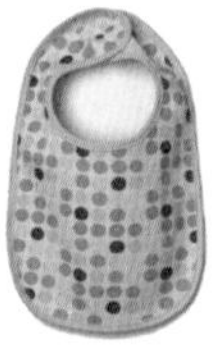

bib | bad

2

red | rib

3
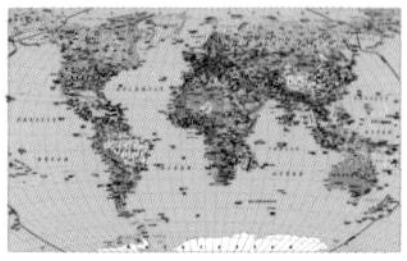

map | mop

4

pup | pot

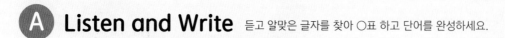

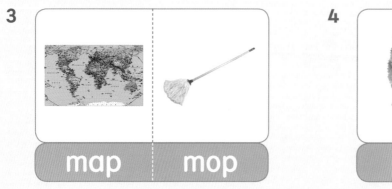

C Listen and Match 듣고 그림과 어울리는 단어를 선으로 이으세요.

1  • • bug

2  • • pan

3 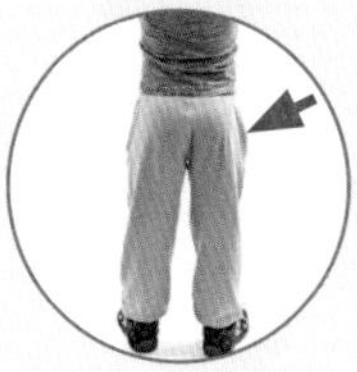 • • log

4  • • hip

D Listen and Write 듣고 알파벳 카드를 조합해 단어를 쓰세요.

1 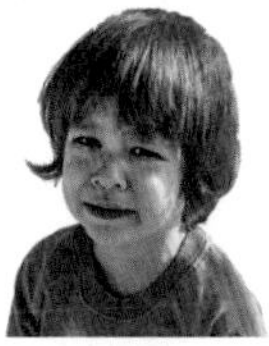

a d s

s	a	d

2 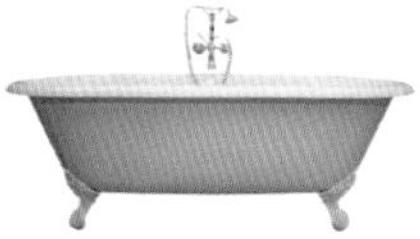

b t u

t		

3 

t m e s

s			

4 

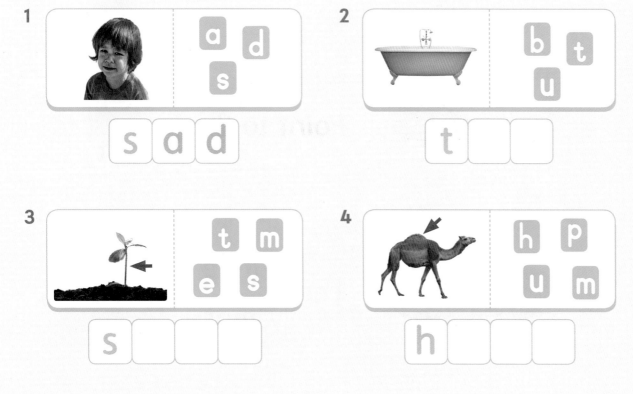

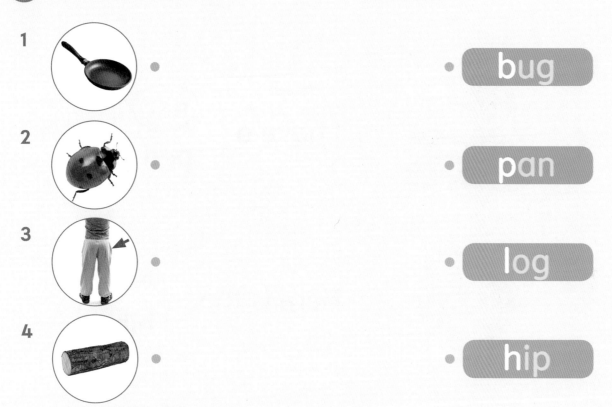

h p u m

h			

Circle and Read 그림과 어울리는 단어에 ○표 하고 문장을 읽으세요.

1

I have a (net / bed).

2

Here is the (kid / bib).

3

The (ram / ham) is sad.

4

Point to the (stem / nest).

5

The (map / mat) is red.

둘째 마당

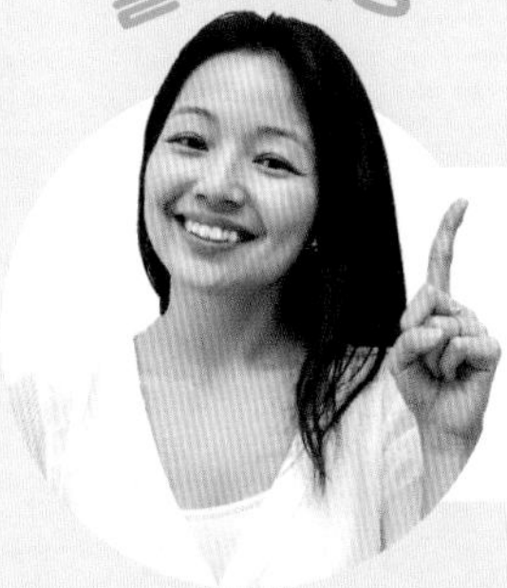

장모음

Long Vowels

장모음은 보통 한 단어 안에 모음(a, e, i, o, u)이 두 개 있는 경우를 말하는데, 이런 경우에는 첫 번째 모음의 알파벳 이름으로 발음해요. 예를 들어, cake 단어에는 모음 a와 e가 있지만 첫 번째 모음 a의 이름인 [에이] 소리가 나서 [케이크]라고 발음해요.

장모음은 단모음보다 익히는데 시간이 더 필요해요. 매일 5분씩 연습해 주세요.

둘째 마당을 배우면 읽을 수 있는 단어

cake

mail

glue

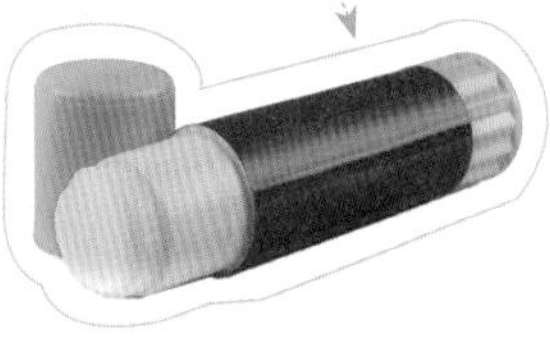

bike

home

unit 12 day, rain을 읽어요

unit 12 강의

장모음 ay, ai

글자 이름 말하기	소리 내기	말하며 쓰기
a + y	ay [에이]	ay
a + i	ai [에이]	

* 'ay'와 'ai' 소리 패턴은 둘 다 알파벳 Aa의 이름 [에이]와 같이 발음해요.

A Listen and Repeat 듣고 따라 읽어 보세요.

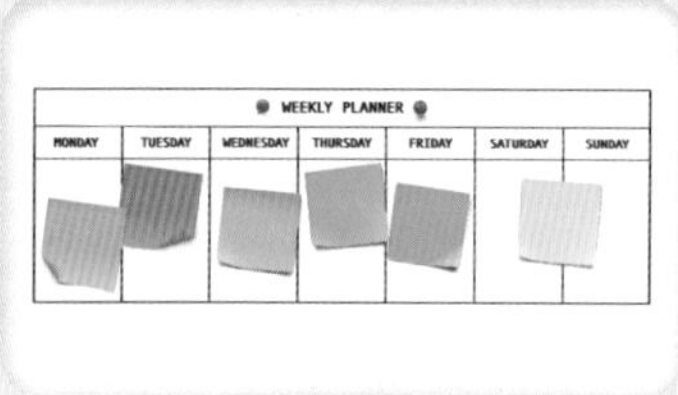

d+ay → day

gr+ay → gray

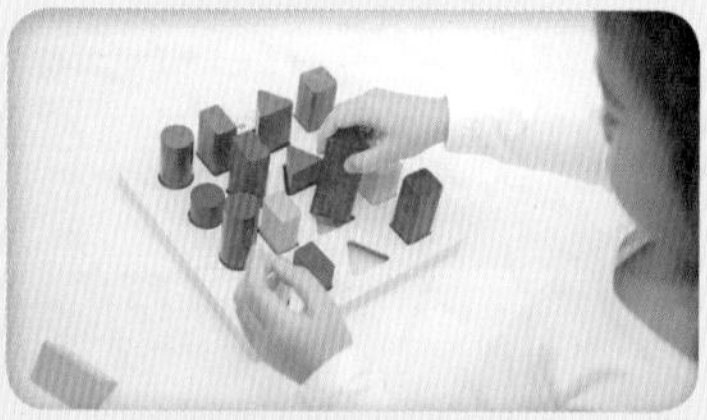

pl+ay → play

r+ai+n → rain

t+ai+l → tail

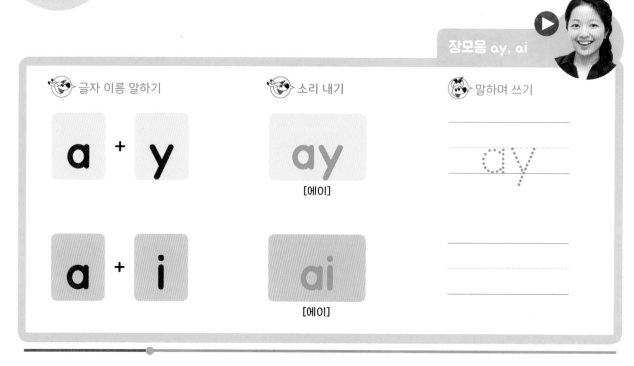

m+ai+l → mail

오늘의 단어 day 하루, 낮, 요일 gray 회색 play 놀다 rain 비 tail 꼬리 mail 우편물

B Listen and Write 귀 기울여 듣고 써 보세요.

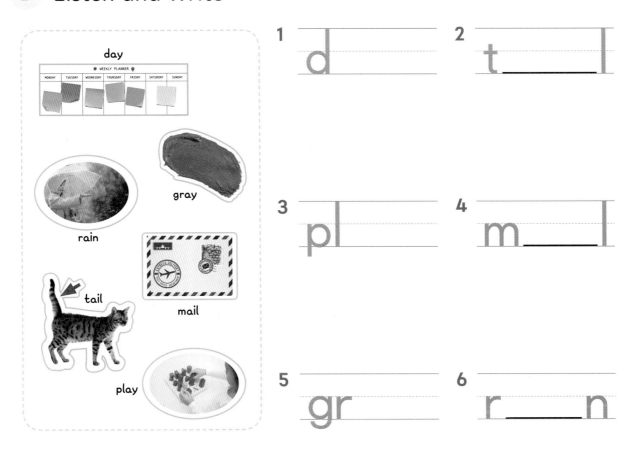

1 d

2 t _____ l

3 pl

4 m _____ l

5 gr

6 r _____ n

C Read, Circle, and Sort 문장을 읽고 ay, ai 소리가 나는 단어를 찾아 ○표 하고 분류도 해 보세요.

Can we play?

Can we play all day?

Can we play in the rain?

별쌤의 한마디!

day는 생활 속에서 다양하게 쓰이고 있어요. Monday, Tuesday, Wednesday처럼 '요일'을 말할 때도 쓰이고 day and night처럼 '낮'과 밤을 가리킬 때도 쓰여요. 그리고 '하루 종일'을 나타내는 all day처럼 '하루'를 나타내기도 해요.

-ay	-ai-
_____________, _____________	

ai가 중간에 들어가는 단어예요.

해석 우리 놀 수 있어요? 우리 하루 종일 놀 수 있어요? 우리 빗속에서 놀 수 있어요?

Write 그림과 어울리는 단어를 <보기>에서 찾아 써 보세요.

보기

tail day rain gray play mail

1

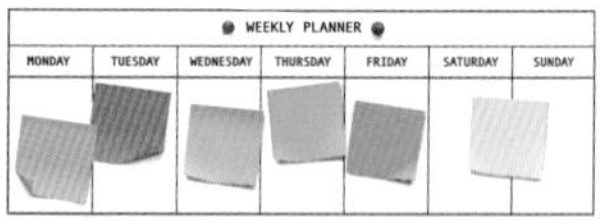

d _ _

2

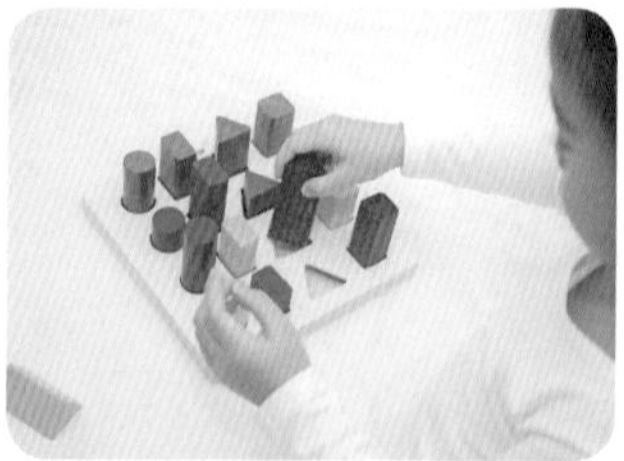

_ _ _ _

3

_ _ _ _

4

_ _ _ _

5

_ _ _ _

6

t _ _ _

별쌤과 함께 라이밍 워드

ay로 끝나는 단어들을 배워 봐요. 별쌤이 읽어 주는 소리를 잘 듣고 빈칸을 채워 보세요.

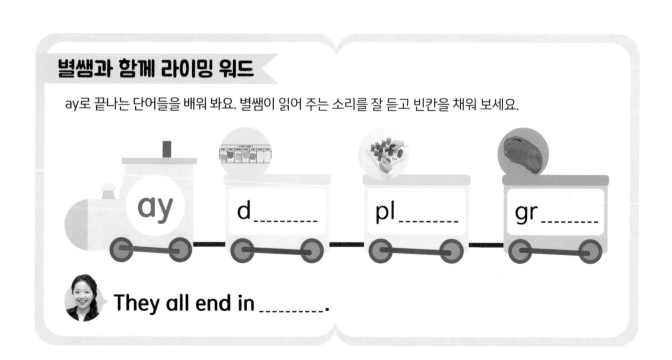

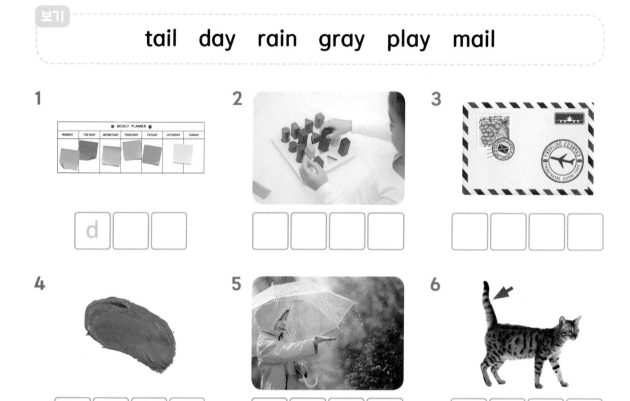

They all end in __________.

unit 13 cake, game, tape를 읽어요

unit 13 강의

장모음 a 소리가 나는 ake, ame, ape

글자 이름 말하기	소리 내기	말하며 쓰기
a + k + e	ake [에이크]	ake
a + m + e	ame [에이음]	
a + p + e	ape [에이프]	

* 'a_e' 소리 패턴은 알파벳 글자 수는 두 개지만, 소리는 둘 중 앞에 있는 모음인 a[에이] 소리 하나만 나요.

A Listen and Repeat 듣고 따라 읽어 보세요.

c+ake → cake

g+ame → game

t+ape → tape

l+ake → lake

n+ame → name

c+ape → cape

오늘의 단어 cake 케이크 lake 호수 game 게임 name 이름 tape 테이프 cape 망토

B Listen and Write 귀 기울여 듣고 써 보세요.

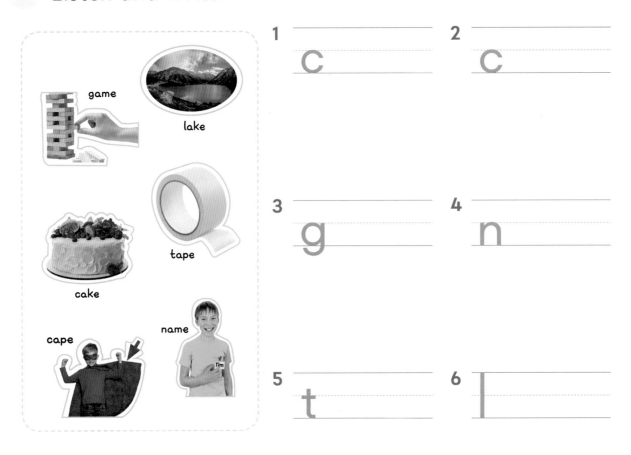

1 c _____

2 c _____

3 g _____

4 n _____

5 t _____

6 l _____

C Read, Circle, and Sort 문장을 읽고 ake, ame, ape 소리로 끝나는 단어를 찾아 ○표 하고 분류도 해 보세요.

Let's eat the cake.

Let's play the game.

Let's wear the cape.

-ake	-ame	-ape

해석 (우리) 케이크를 먹자. (우리) 게임을 하자. (우리) 망토를 입자.

Circle and Write 그림과 어울리는 단어에 ○표 하고 빈칸에 단어를 써 보세요.

1

cat | cake

2

girl | game

3

cape | car

4

lake | left

5

nose | name

6

tape | table

별쌤과 함께 라이밍 워드

ake로 끝나는 단어들을 배워 봐요. 별쌤이 읽어 주는 소리를 잘 듣고 빈칸을 채워 보세요.

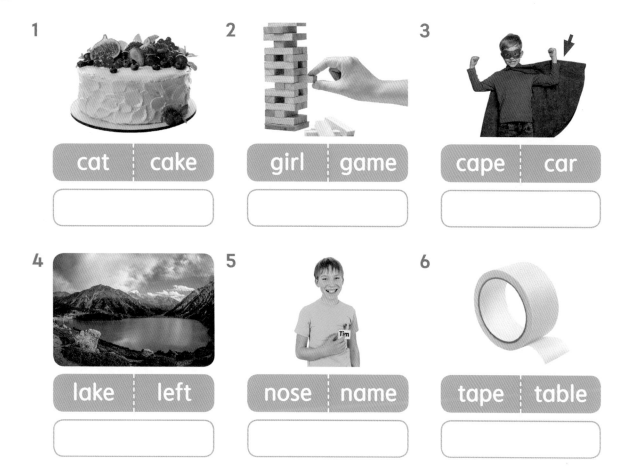

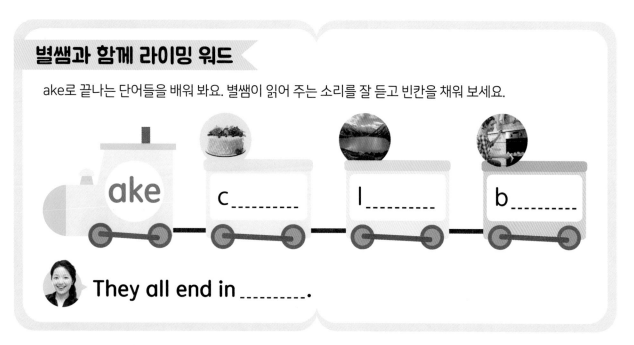

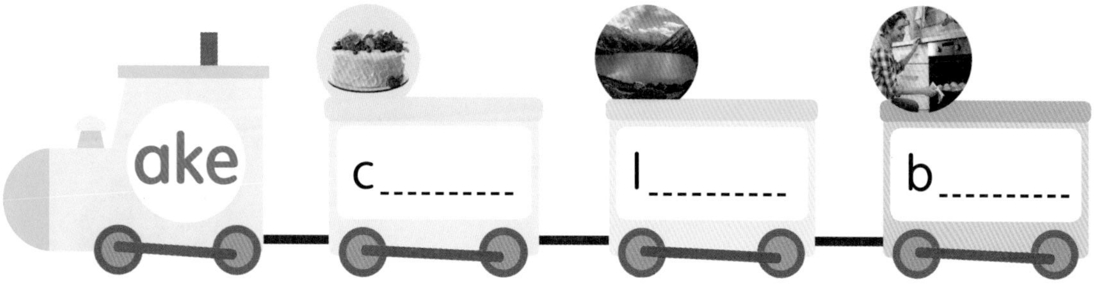

They all end in __________.

새로운 단어 bake (빵을) 굽다

unit 14

bee, sea를 읽어요

unit 14 강의

장모음 ee, ea

글자 이름 말하기	소리 내기	말하며 쓰기
e + e	ee [이]	ee
e + a	ea [이]	

* 'ee'와 'ea' 소리 패턴은 둘 다 알파벳 Ee의 이름 [이]와 같이 발음해요.

A Listen and Repeat 듣고 따라 읽어 보세요.

b+ee → bee

s+ee → see

tr+ee → tree

s+ea → sea

ea+t → eat

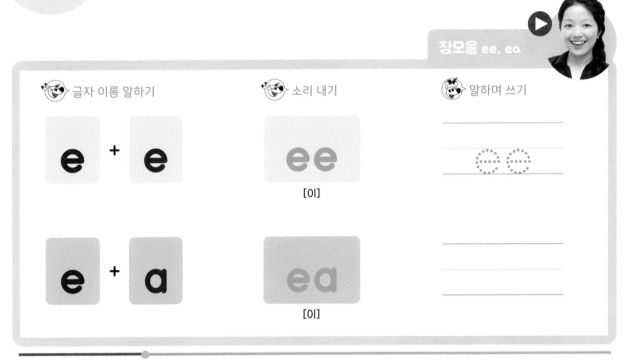

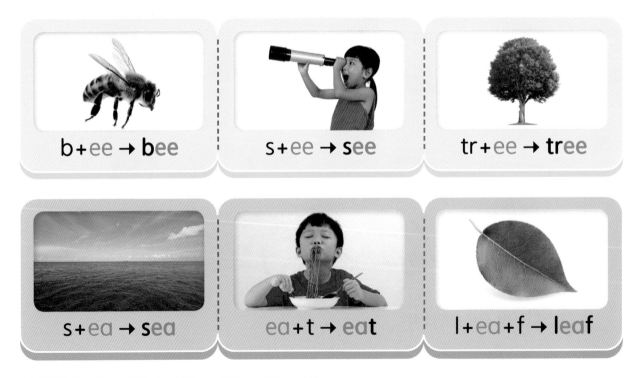

l+ea+f → leaf

오늘의 단어 bee 벌 see 보다 tree 나무 sea 바다 eat 먹다 leaf 잎

B Listen and Write 귀 기울여 듣고 써 보세요.

1 see

2 s

3 b

4 t

5 tr

6 l_____f

C Read, Circle, and Sort 문장을 읽고 ee, ea 소리가 나는 단어를 찾아 O표 하고 분류도 해 보세요.

I see the bee.

I see the sea.

I see the leaf.

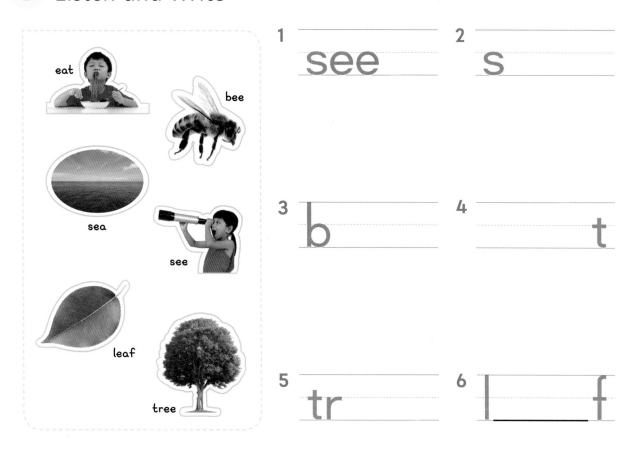

-ee	-ea, -ea-
________, ________	________, ________

해석 나는 벌이 보여요. 나는 바다가 보여요. 나는 잎이 보여요.

Write 그림과 어울리는 단어를 <보기>에서 찾아 써 보세요.

보기

bee sea eat see tree leaf

1

l ___ ___ ___

2

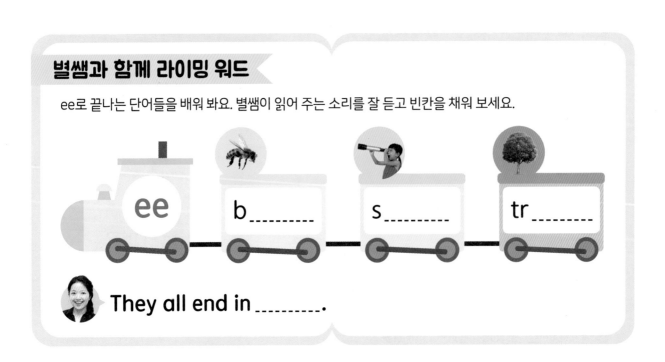

___ ___ ___

3

___ ___ ___ ___

4

___ ___ ___

5

___ ___ ___

6

e ___ ___

별쌤과 함께 라이밍 워드

ee로 끝나는 단어들을 배워 봐요. 별쌤이 읽어 주는 소리를 잘 듣고 빈칸을 채워 보세요.

They all end in __________.

unit 15

pie, sky를 읽어요

unit 15 강의

장모음 ie, y

글자 이름 말하기	소리 내기	말하며 쓰기
i + e	ie [아이]	ie
y	y [아이]	

* 'ie'와 'y' 소리 패턴은 둘 다 알파벳 Ii의 이름 [아이]와 같이 발음해요. 'y' 패턴에 주의해서 연습해 보세요.

A Listen and Repeat 듣고 따라 읽어 보세요.

p+ie → pie

t+ie → tie

l+ie → lie

dr+y → dry

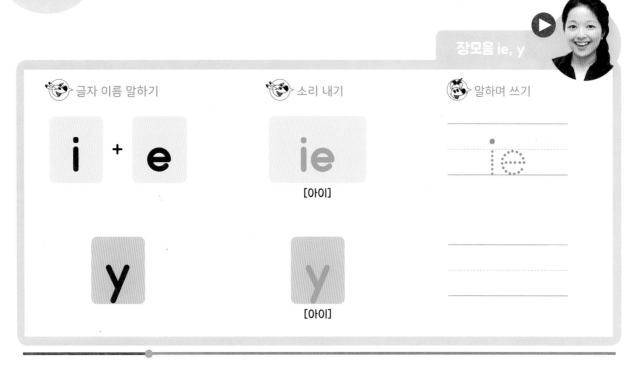

sk+y → sky

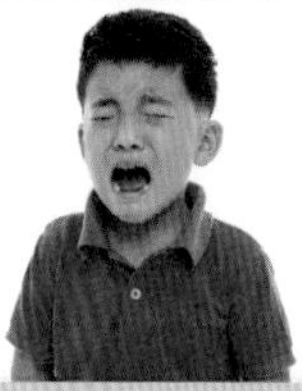

cr+y → cry

오늘의 단어 pie 파이 tie 넥타이 lie 거짓말하다 dry 마른 sky 하늘 cry 울다

B Listen and Write 귀 기울여 듣고 써 보세요.

tie

dry

pie

cry

lie

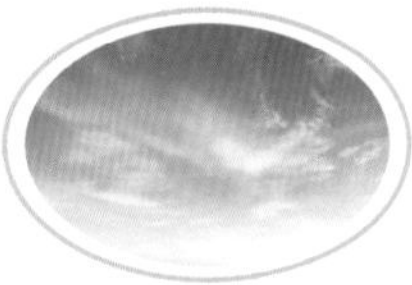

sky

1 p

2 cr

3 dr

4 sk

5 l

6 t

C Read, Circle, and Sort 문장을 읽고 ie, y 소리로 끝나는 단어를 찾아 O표 하고 분류도 해 보세요.

Don't lie.

Don't cry.

Don't touch the pie.

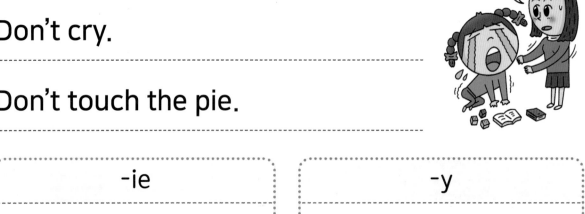

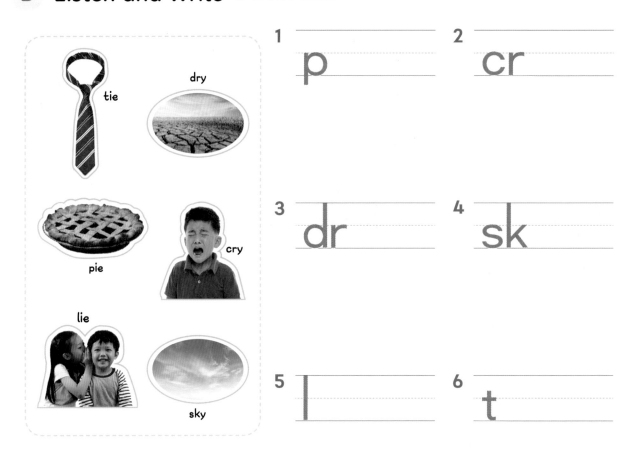

-ie	-y
______, ______	

해석 거짓말하지 마세요. 울지 마세요. 파이를 만지지 마세요.

Connect and Write 소리를 듣고 글자를 이어서 단어를 만들어 써 보세요.

1

p i a
t l e

2

d r e
p l y

3

x k y
s r i

4

p a o
f i e

별쌤과 함께 라이밍 워드

ie로 끝나는 단어들을 배워 봐요. 별쌤이 읽어 주는 소리를 잘 듣고 빈칸을 채워 보세요.

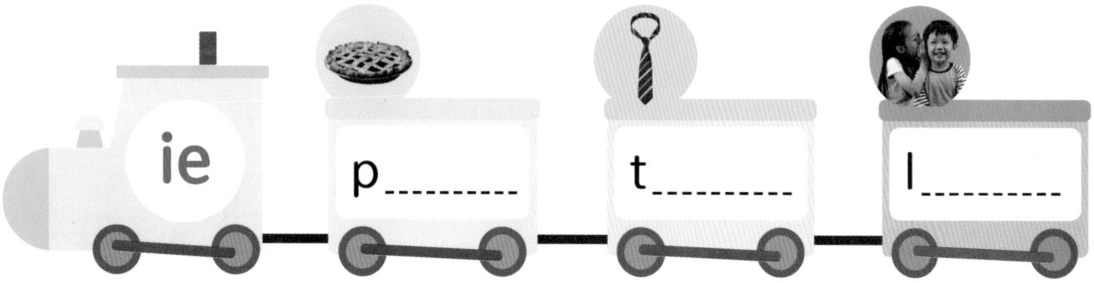

They all end in __________.

unit 16

bike, dive, time을 읽어요

unit 16 강의

장모음 i 소리가 나는 ike, ive, ime

글자 이름 말하기	소리 내기	말하며 쓰기
i + k + e	ike [아이크]	ike
i + v + e	ive [아이브]	
i + m + e	ime [아이음]	

* 'i_e' 소리 패턴은 알파벳 글자 수는 두 개지만, 소리는 둘 중 앞에 있는 모음인 i[아이] 소리 하나만 나요.

A Listen and Repeat 듣고 따라 읽어 보세요.

b+ike → bike

d+ive → dive

t+ime → time

h+ike → hike

5

f+ive → five

l+ime → lime

오늘의 단어 bike 자전거 hike 하이킹, 도보 여행 dive 다이빙 five 5, 다섯 time 시간 lime 라임

B Listen and Write 귀 기울여 듣고 써 보세요.

1 f

2 t

3 b

4 l

5 h

6 d

C Read, Circle, and Sort 문장을 읽고 ike, ive, ime 소리로 끝나는 단어를 찾아 ○표 하고 분류도 해 보세요.

I can hike.

I can dive.

I can eat the lime.

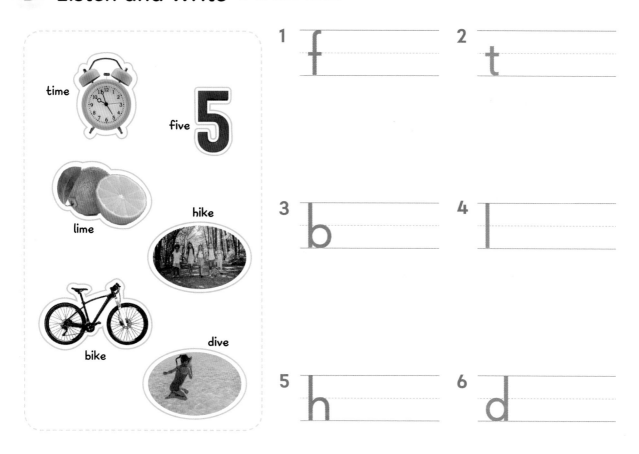

-ike	-ive	-ime

Circle 그림과 끝소리가 같은 단어를 찾아 ○표 해 보세요.

1 

time	hike	cake	five

2 

five	tie	bike	lake

3 

tape	dive	game	lime

별쌤과 함께 라이밍 워드

ike로 끝나는 단어들을 배워 봐요. 별쌤이 읽어 주는 소리를 잘 듣고 빈칸을 채워 보세요.

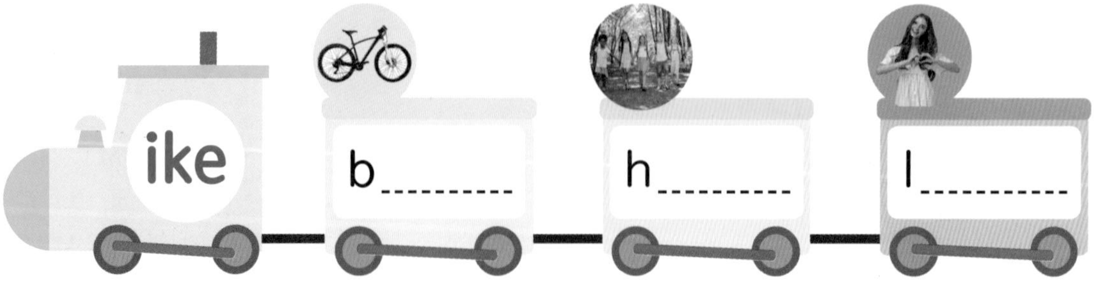

They all end in __________.

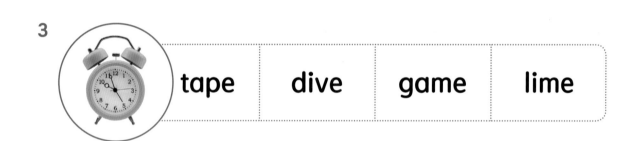

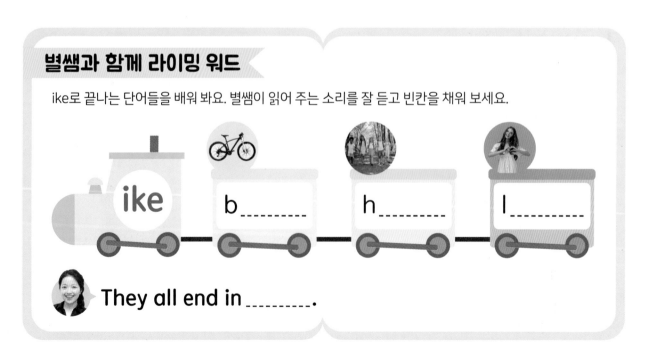

새로운 단어 like 좋아하다

unit 17

boat, bow를 읽어요

unit 17 강의

장모음 oa, ow

글자 이름 말하기	소리 내기	말하며 쓰기
o + a	oa [오]	oa
o + w	ow [오]	

* 'oa'와 'ow' 소리 패턴은 둘 다 알파벳 Oo의 이름 [오]와 같이 발음해요. 단어에 따라 'ow'는 [아우] 소리를 내기도 해요.

A Listen and Repeat 듣고 따라 읽어 보세요.

b+oa+t → boat

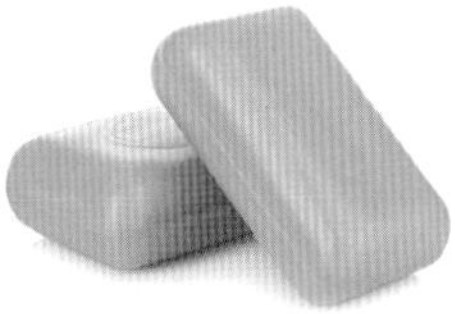

s+oa+p → soap

c+oa+t → coat

b+ow → bow

sn+ow → snow

cr+ow → crow

오늘의 단어 boat (작은) 배 soap 비누 coat 코트 bow (나비 모양) 리본 snow 눈 crow 까마귀

B Listen and Write 귀 기울여 듣고 써 보세요.

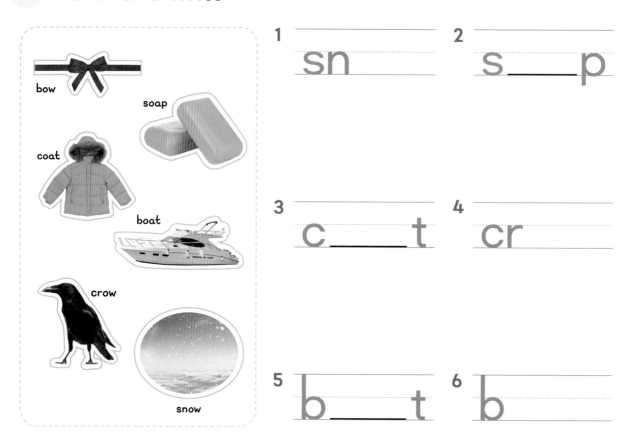

1 sn

2 s____p

3 c____t

4 cr

5 b____t

6 b

C Read, Circle, and Sort 문장을 읽고 oa, ow 소리가 나는 단어를 찾아 ○표 하고 분류도 해 보세요.

Who has a boat?

Who has a coat?

Who has a bow?

별쌤의 한마디!

'Who has~?'는 '누가 ~을 가지고 있어요?'라는 의미예요. 여기서 Who는 '누가, 누구'라는 뜻으로 사람에 관해 물어볼 때 사용해요. 여기서는 '누가' 가지고 있는지 묻고 있으므로 Who를 강조해서 말하는 것이 좋아요.

-oa-	-ow
______, ______	

해석 누가 보트를 가지고 있어요? 누가 코트를 가지고 있어요? 누가 리본을 가지고 있어요?

Circle and Say 그림을 보고 알맞은 글자끼리 묶고 큰 소리로 읽어 보세요.

1 s **oa** / **ow** p

2 b **oa** / **ow**

3 cr **oa** / **ow**

4 sn **oa** / **ow**

5 c **oa** / **ow** t

6 b **oa** / **ow** t

ow   b_____   sn_____   cr_____

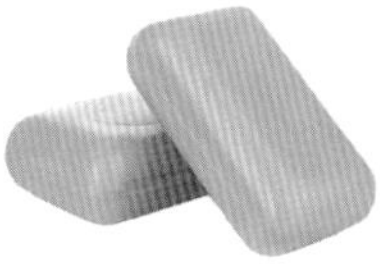

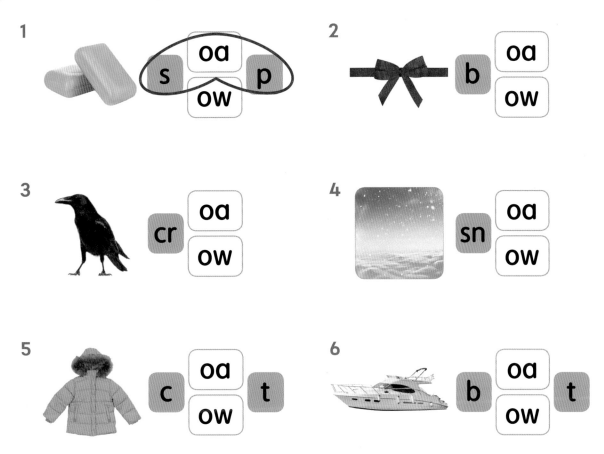

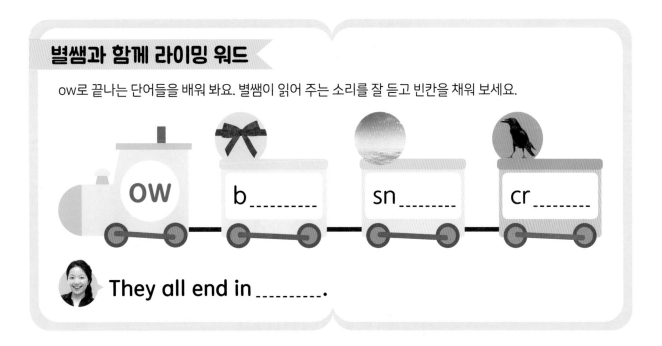

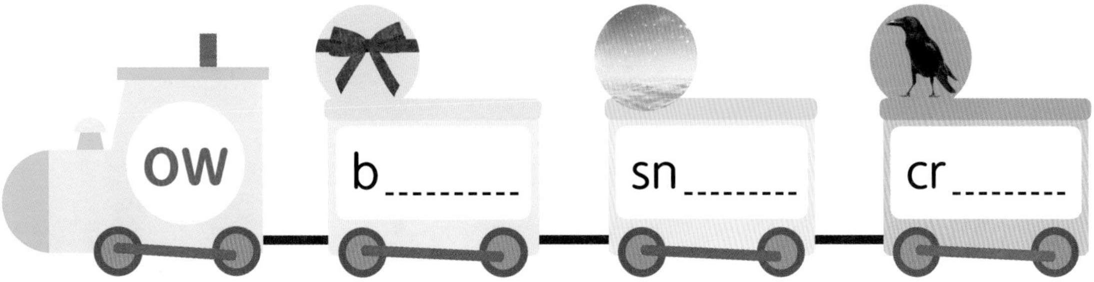

They all end in _____.

nose, home, bone을 읽어요

unit 18 강의

장모음 o 소리가 나는 ose, ome, one

글자 이름 말하기	소리 내기	말하며 쓰기
o + s + e	ose [오즈]	ose
o + m + e	ome [오음]	
o + n + e	one [오은]	

* 'o_e' 소리 패턴은 알파벳 글자 수는 두 개지만, 소리는 둘 중 앞에 있는 모음인 o[오] 소리 하나만 나요. 그리고 ose는 [오스]가 아닌 [오즈] 소리가 나는데, 그 이유는 s가 [ㅅ]나 [ㅈ] 소리가 나기 때문이에요.

A Listen and Repeat 듣고 따라 읽어 보세요.

n+ose → nose

h+ome → home

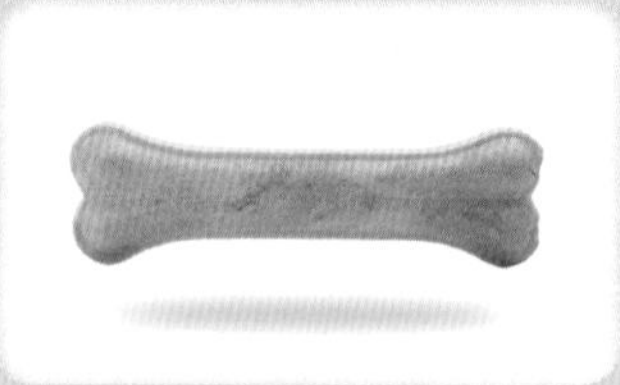

b+one → bone

r+ose → rose

d+ome → dome

c+one → cone

오늘의 단어 nose 코 rose 장미 home 집 dome 돔 bone 뼈 cone 원뿔, (아이스크림용) 콘

B Listen and Write 귀 기울여 듣고 써 보세요.

1 h______

2 d______

3 r______

4 c______

5 n______

6 b______

C Read, Circle, and Sort 문장을 읽고 ose, ome, one 소리로 끝나는 단어를 찾아 ○표 하고 분류도 해 보세요.

I can't find the rose.

I can't find the dome.

I can't find the bone.

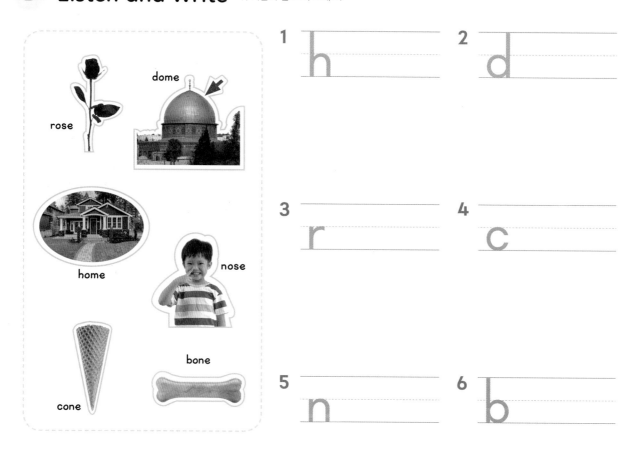

-ose	-ome	-one

해석 나는 장미를 찾을 수 없어요. 나는 돔을 찾을 수 없어요. 나는 뼈를 찾을 수 없어요.

Write 그림과 어울리는 단어를 <보기>에서 찾아 써 보세요.

보기

rose nose home dome bone cone

1

b _ _ _

2

_ _ _ _

3

_ _ _ _

4

_ _ _ _

5

c _ _ _

6

_ _ _ _

별쌤과 함께 라이밍 워드

one으로 끝나는 단어들을 배워 봐요. 별쌤이 읽어 주는 소리를 잘 듣고 빈칸을 채워 보세요.

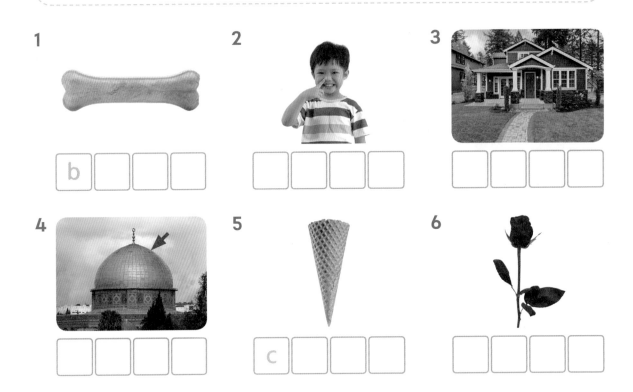

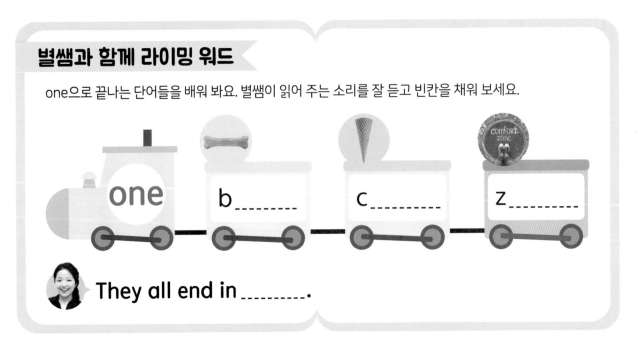

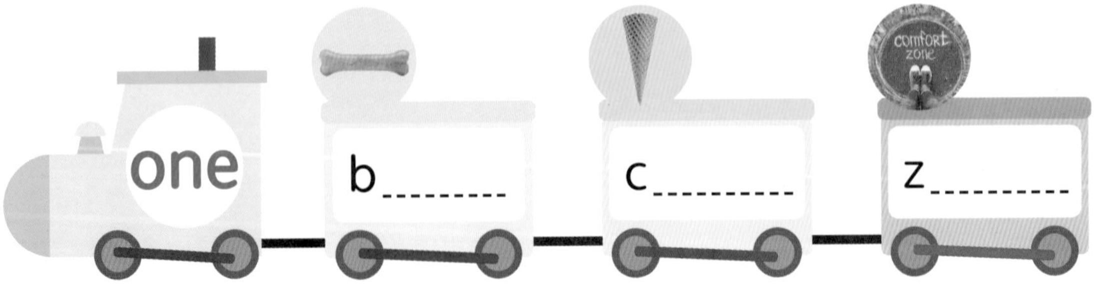

They all end in __________.

새로운 단어 zone 구역

unit 19

cute, cube, glue를 읽어요

unit 19 강의

장모음 u 소리가 나는 ute, ube, ue

글자 이름 말하기	소리 내기	말하며 쓰기
u + t + e	ute [유트]	ute
u + b + e	ube [유브]	
u + e	ue [우]	

* 장모음 u는 [유]나 [우]와 같이 두 가지 소리가 나요. u_e 소리 패턴은 [유], ue는 [우]로 읽어 보세요.

A Listen and Repeat 듣고 따라 읽어 보세요.

c+ute → cute

c+ube → cube

gl+ue → glue

m+ute → mute

t+ube → tube

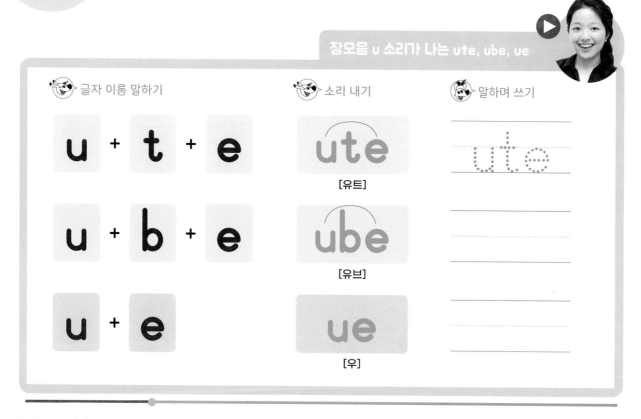

bl+ue → blue

오늘의 단어 cute 귀여운 mute 소리 없는 cube 정육면체, 큐브 tube 튜브 glue 풀 blue 파란(색)

B Listen and Write 귀 기울여 듣고 써 보세요.

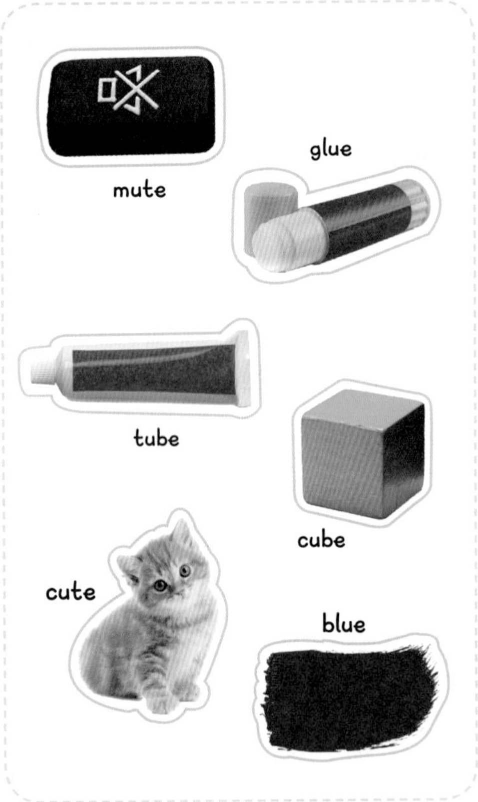

1 gl

2 m

3 t

4 c

5 c

6 bl

C Read, Circle, and Sort 문장을 읽고 ube, ue 소리로 끝나는 단어를 찾아 ○표 하고 분류도 해 보세요.

This is a cube.

This is a tube.

This is a glue.

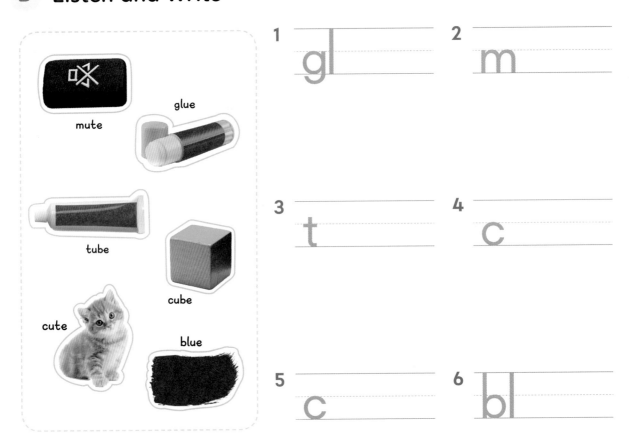

-ube	-ue
______, ______	

해석 이것은 큐브예요. 이것은 튜브예요. 이것은 풀이에요.

Circle 그림과 끝소리가 같은 단어를 찾아 ○표 해 보세요.

1

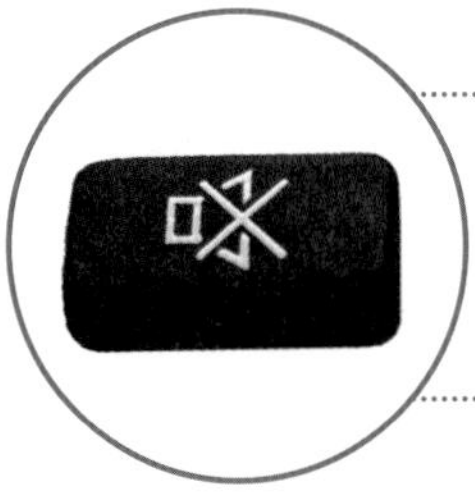

blue	cube	cute	cone

2

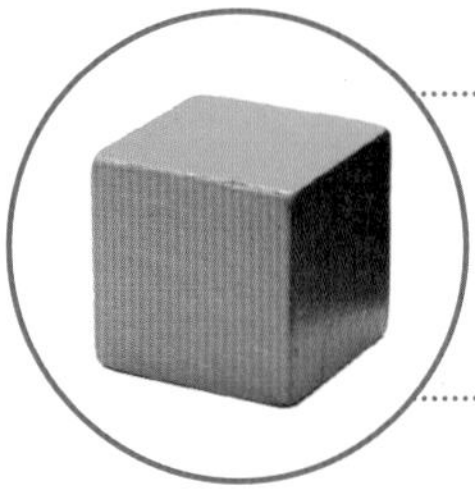

glue	crow	bike	tube

3

mute	cake	glue	play

별쌤과 함께 라이밍 워드

ue로 끝나는 단어들을 배워 봐요. 별쌤이 읽어 주는 소리를 잘 듣고 빈칸을 채워 보세요.

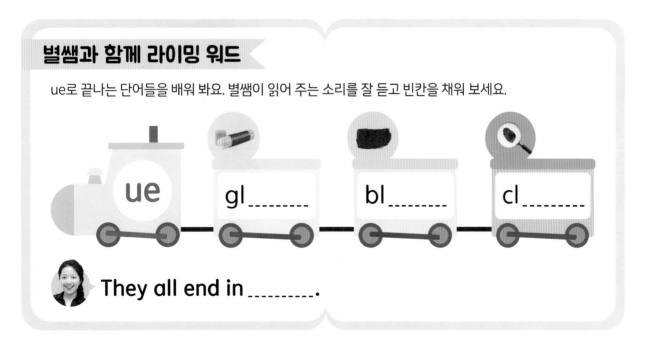

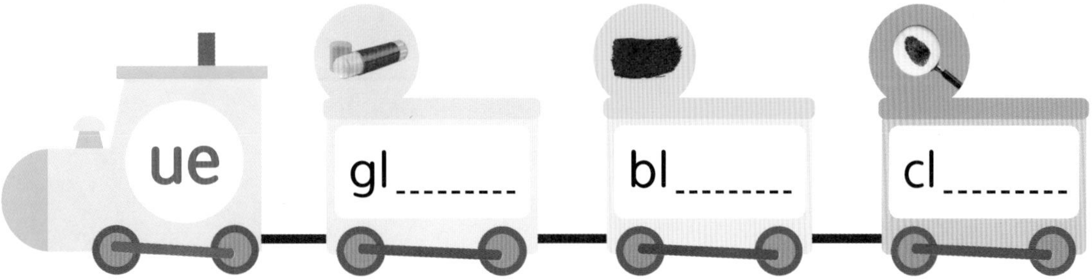

They all end in _________.

새로운 단어 clue 단서

unit 20

장모음을 모아서 연습해요

unit 20 듣기

A Listen and Write 듣고 알맞은 글자를 찾아 ○표 하고 단어를 완성하세요.

1 

ee | ay

s

2 

ake | ape

c

3 

ute | ube

c

4 5

ive | ime

f

B Listen and Circle 듣고 알맞은 단어에 ○표 하세요.

1  

bike | boat

2  

tail | tie

3  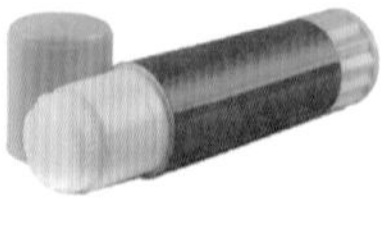

gray | glue

4  

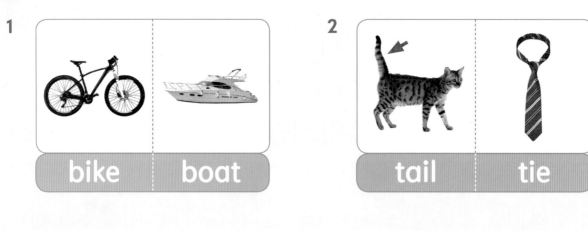

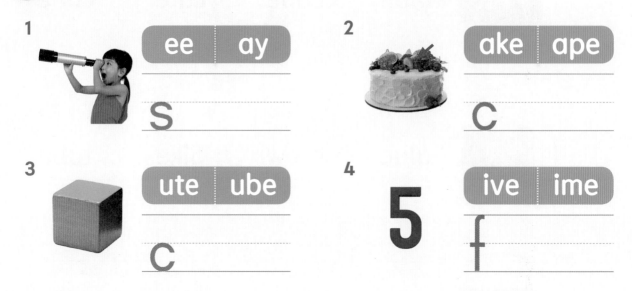

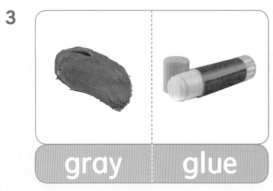

nose | name

C Listen and Match 듣고 그림과 어울리는 단어를 선으로 이으세요.

1  • • eat

2 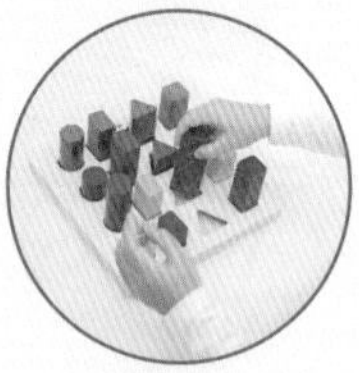 • • time

3  • • play

4  • • home

D Listen and Write 듣고 알파벳 카드를 조합해 단어를 쓰세요.

1 

e n o c

☐☐☐☐

2 

e l u b

☐☐☐☐

3 

b o w

☐☐☐

4 

a r n i

☐☐☐☐

Circle and Read 그림과 어울리는 단어에 ○표 하고 문장을 읽으세요.

1

This is a cube / glue .

2

Don't lie / cry .

3

I can't find the dome / bone .

4

I can hike / dive .

5

I see the bee / sea .

셋째 마당

연속자음과 이중자음

Consonant Blends & Digraphs

연속자음은 나란히 붙어 있는 두 개의 자음을 이어서 읽는 소리예요. 1권에서 배운 블렌딩을 이용해 소리를 이어 읽어 보세요.
두 개의 자음이 합쳐져서 새로운 소리가 나는 이중자음도 있어요. 이중자음은 소리를 기억해 두고 익숙해질 때까지 반복해서 연습해야 해요.

셋째 마당을 배우면 읽을 수 있는 단어

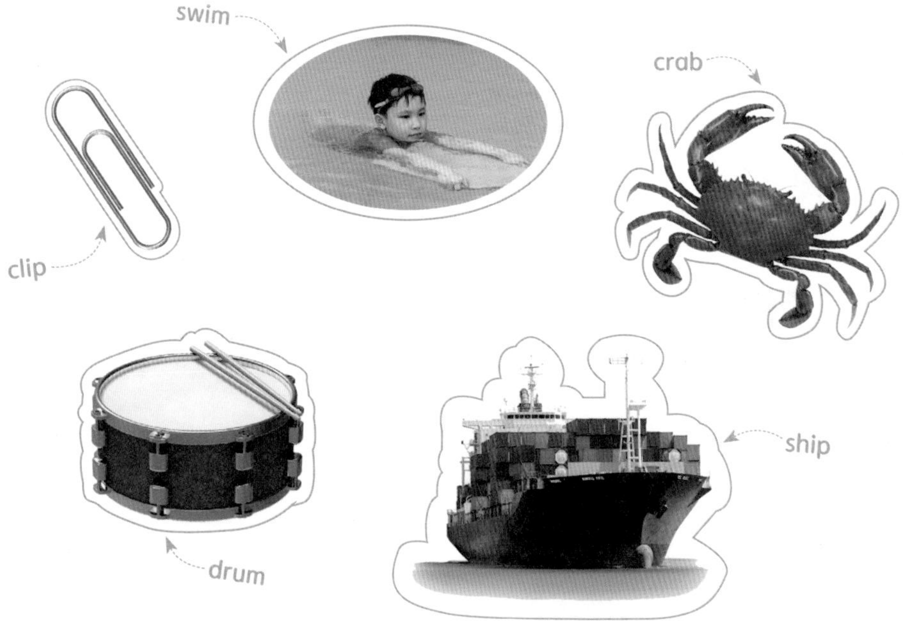

black, clip, flag를 읽어요

unit 21 강의

연속자음 bl, cl, fl

🐶 각 알파벳 소리 읽기

b [ㅂ]　l [을]

c [ㅋ]　l [을]

f [ㅍ]　l [을]

🐶 붙여 읽기

bl [블]

cl [클]

fl [플]

🐶 말하며 쓰기

bl

* 연속자음은 두 개의 자음이 연이어 나오는 것을 말해요.

A Listen and Repeat 듣고 따라 읽어 보세요.

bl+ack → black

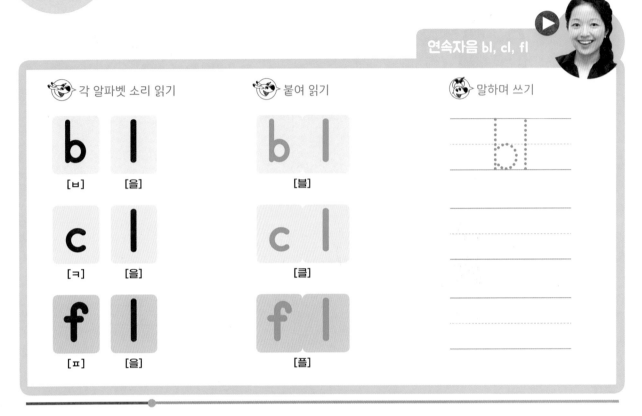

bl+ock → block

cl+ip → clip

cl+ass → class

fl+ag → flag

fl+y → fly

오늘의 단어　black 검은(색)　block 사각형 덩어리　clip 클립　class 교실　flag 깃발　fly 날다

B Listen and Write 귀 기울여 듣고 써 보세요.

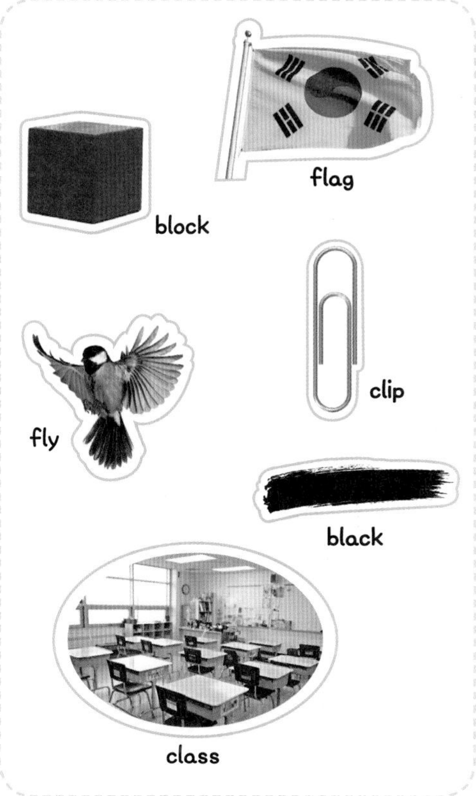

1 ____y

2 ____ip

3 ____ock

4 ____ag

5 ____ass

6 ____ack

C Read, Circle, and Sort 문장을 읽고 bl, cl, fl 소리로 시작하는 단어를 찾아 ○표 하고 분류도 해 보세요.

Where is my block?

Where is my class?

Where is my flag?

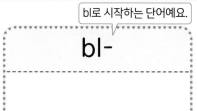

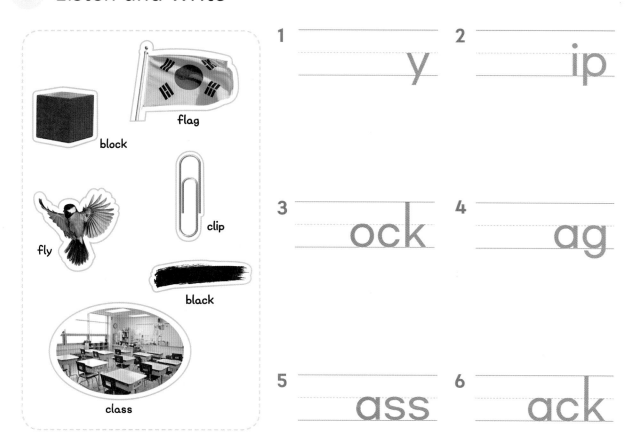

bl로 시작하는 단어예요.

bl-	cl-	fl-

해석 내 블록은 어디에 있나요? 내 교실은 어디에 있나요? 내 깃발은 어디에 있나요?

Write 그림과 어울리는 단어를 <보기>에서 찾아 써 보세요.

보기

fly class block flag clip black

1

c ___ ___ ___

2

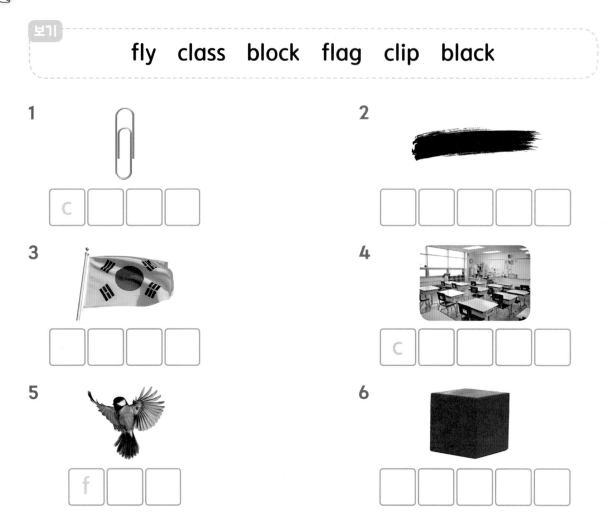

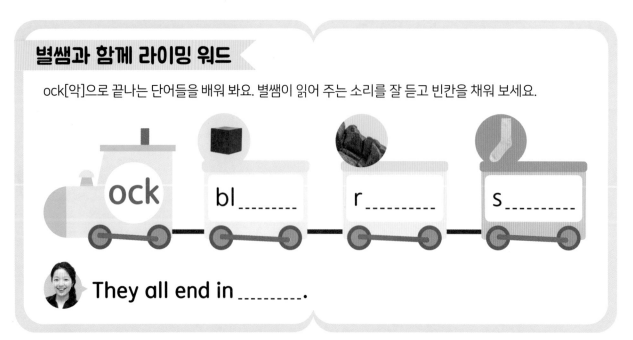

___ ___ ___ ___ ___

3

___ ___ ___ ___

4

c ___ ___ ___ ___

5

f ___ ___

6

___ ___ ___ ___ ___

별쌤과 함께 라이밍 워드

ock[악]으로 끝나는 단어들을 배워 봐요. 별쌤이 읽어 주는 소리를 잘 듣고 빈칸을 채워 보세요.

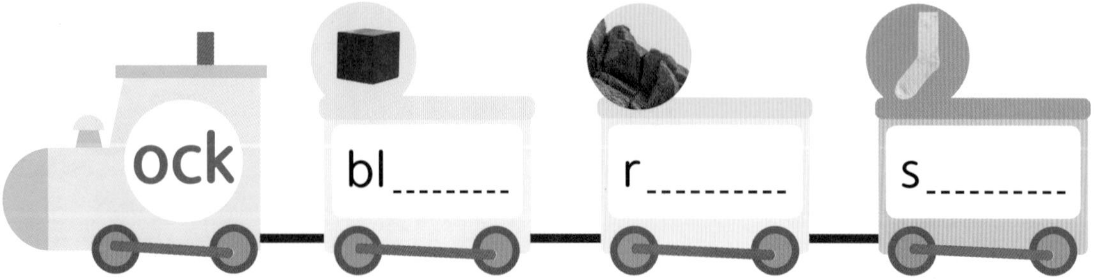

They all end in __________.

새로운 단어 rock 암석 sock 양말

unit
22

sled, brain, crab을 읽어요

unit
22
강의

연속자음 sl, br, cr

각 알파벳 소리 읽기

s	l
[ㅅ]	[을]

b	r
[ㅂ]	[뤄]

c	r
[ㅋ]	[뤄]

붙여 읽기

s	l
[슬]	

b	r
[브뤄]	

c	r
[크뤄]	

말하며 쓰기

sl

A Listen and Repeat 듣고 따라 읽어 보세요.

sl+ed → sled

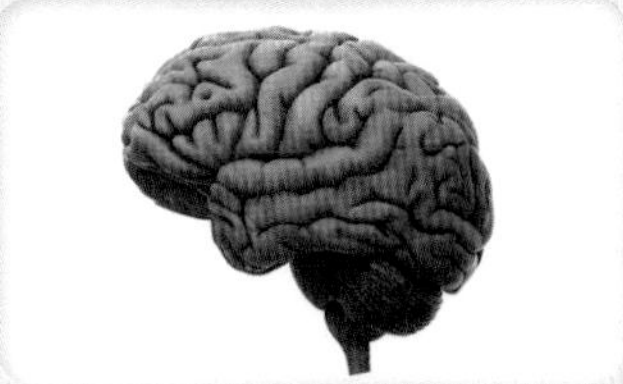

sl+eep → sleep

br+ain → brain

br+ush → brush

cr+ab → crab

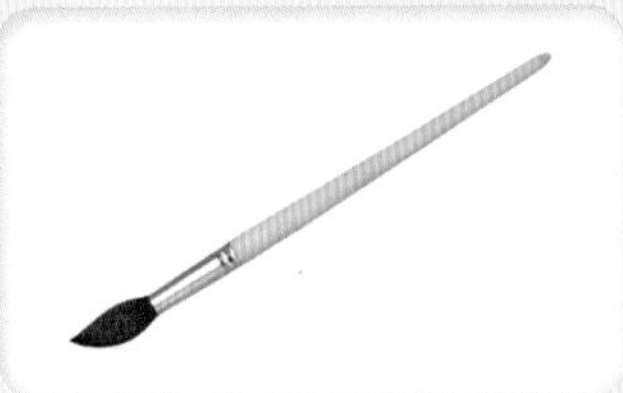

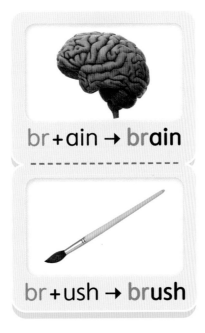

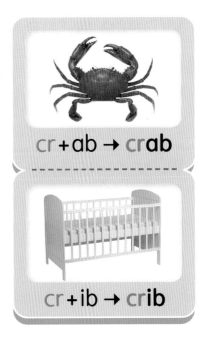

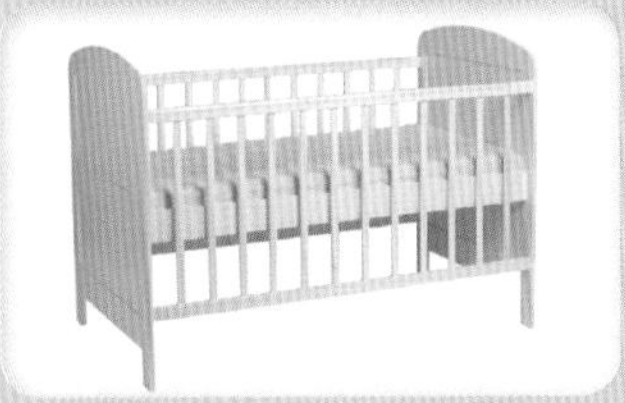

cr+ib → crib

오늘의 단어 sled 썰매 sleep 자다 brain 뇌 brush 붓 crab 게 crib 유아용 침대

B Listen and Write 귀 기울여 듣고 써 보세요.

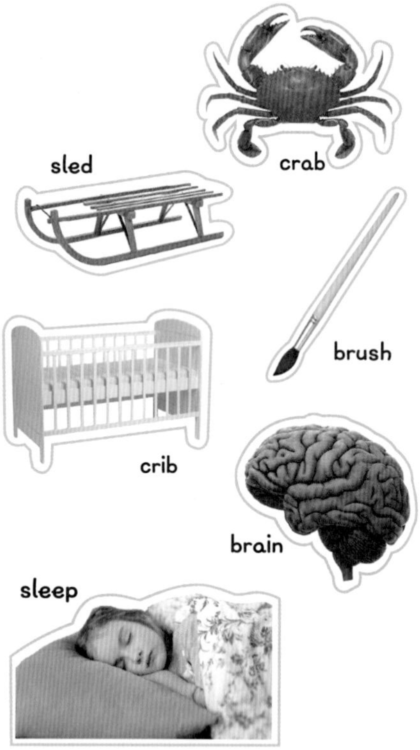

1 ___ush

2 ___ain

3 ___ib

4 ___ed

5 ___eep

6 ___ab

C Read, Circle, and Sort 문장을 읽고 sl, br, cr 소리로 시작하는 단어를 찾아 ○표 하고 분류도 해 보세요.

Where is the sled?

Where is the brush?

Where is the crib?

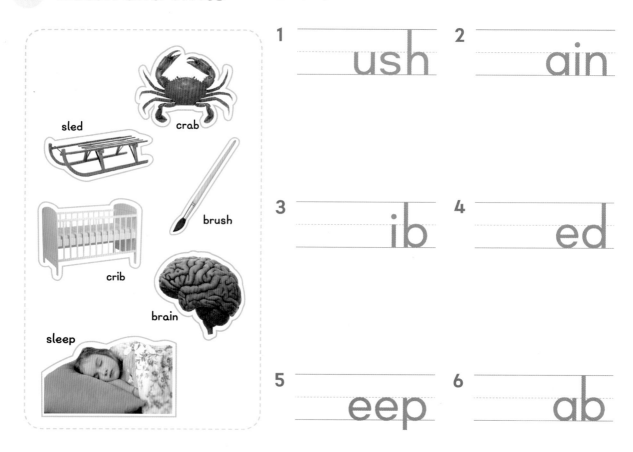

sl-	br-	cr-

해석 썰매가 어디에 있어요? 붓이 어디에 있어요? 유아용 침대는 어디에 있어요?

Listen and Match 단어를 듣고 그림과 어울리는 단어를 선으로 이으세요.

1 

2 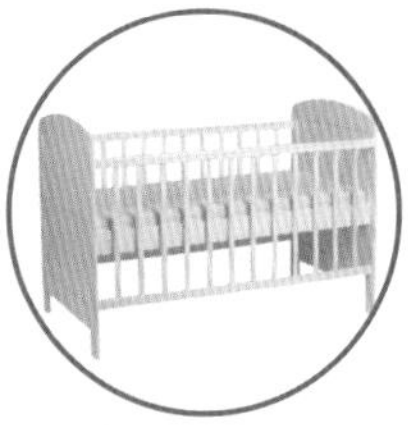

3 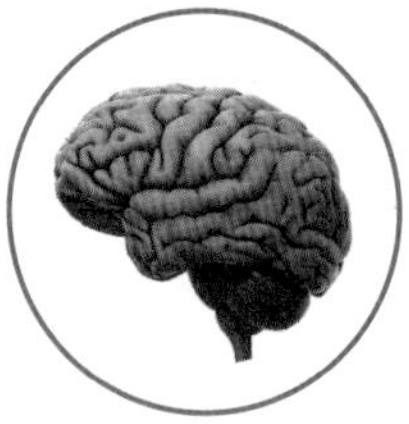

4 

- brush
- sleep
- brain
- crib

별쌤과 함께 라이밍 워드

eep[잎]으로 끝나는 단어들을 배워 봐요. 별쌤이 읽어 주는 소리를 잘 듣고 빈칸을 채워 보세요.

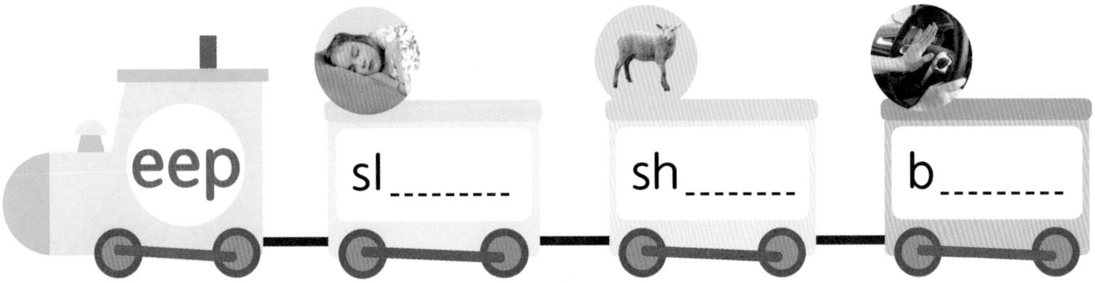

They all end in __________.

새로운 단어 sheep 양 beep (자동차 경적에서 나는) 삐 소리

unit 23

dress, grape, pray를 읽어요

unit 23 강의

연속자음 dr, gr, pr

각 알파벳 소리 읽기		붙여 읽기	말하며 쓰기
d [ㄷ]	r [뤄]	dr [드뤄]	dr
g [ㄱ]	r [뤄]	gr [그뤄]	
p [ㅍ]	r [뤄]	pr [프뤄]	

A Listen and Repeat 듣고 따라 읽어 보세요.

dr + ess → dress

gr + ape → grape

pr + ay → pray

dr + um → drum

gr + ass → grass

pr + int → print

오늘의 단어 dress 원피스 drum 북 grape 포도 grass 풀, 잔디 pray 기도하다 print 인쇄하다

B Listen and Write 귀 기울여 듣고 써 보세요.

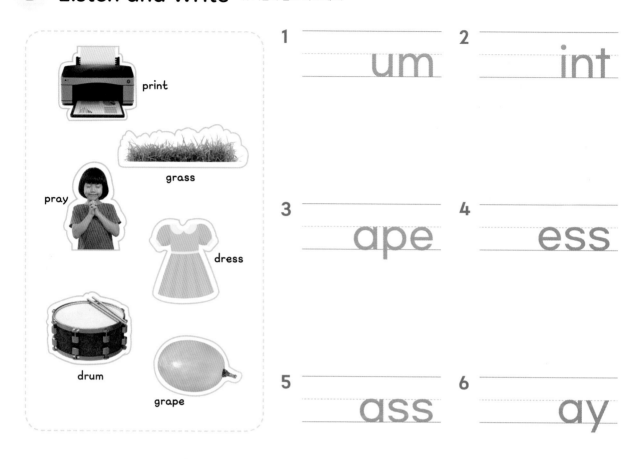

1 ____um

2 ____int

3 ____ape

4 ____ess

5 ____ass

6 ____ay

C Read, Circle, and Sort 문장을 읽고 dr, gr, pr 소리로 시작하는 단어를 찾아 O표 하고 분류도 해 보세요.

I can play the drum.

I can eat the grapes.

I can pray.

별쌤의 한마디!

'I can ~'은 '~할 수 있다' 라는 뜻으로 can 뒤에는 play(연주하다), eat(먹다), pray(기도하다)처럼 자신이 할 수 있는 것을 말하면 돼요.

dr-	gr-	pr-
	____s	

해석 나는 드럼을 칠 수 있어요. 나는 포도를 먹을 수 있어요. 나는 기도할 수 있어요.

Listen, Circle, and Write
소리를 듣고 알맞은 글자를 찾아 ○표 하고 단어를 완성하세요.

1

dr | gr | (pr)

print

2

dr | gr | pr

___um

3
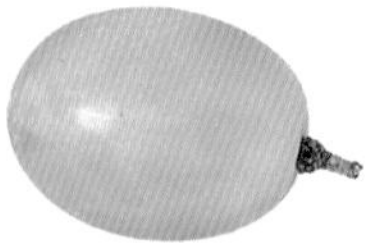

dr | gr | pr

___ape

4

dr | gr | pr

___ass

5

dr | gr | pr

___ess

6

dr | gr | pr

___ay

별쌤과 함께 라이밍 워드

ape로 끝나는 단어들을 배워 봐요. 별쌤이 읽어 주는 소리를 잘 듣고 빈칸을 채워 보세요.

They all end in ________.

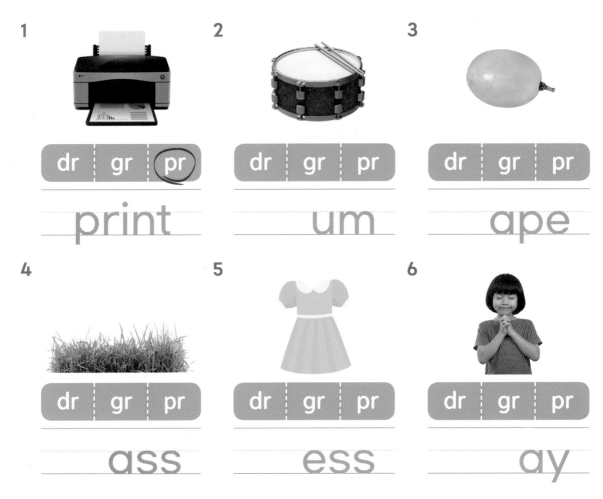

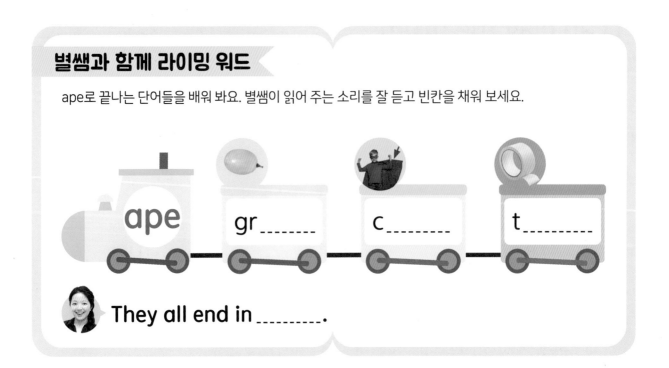

train, skate, smell을 읽어요

unit 24 강의

연속자음 tr, sk, sm

각 알파벳 소리 읽기

t [ㅌ] r [뤄]

s [ㅅ] k [ㅋ]

s [ㅅ] m [음(ㅁ)]

붙여 읽기

t r [트뤄]

s k [스크]

s m [스므]

말하며 쓰기

A Listen and Repeat 듣고 따라 읽어 보세요.

tr+ain → train

tr+ash → trash

sk+ate → skate

sk+unk → skunk

sm+ell → smell

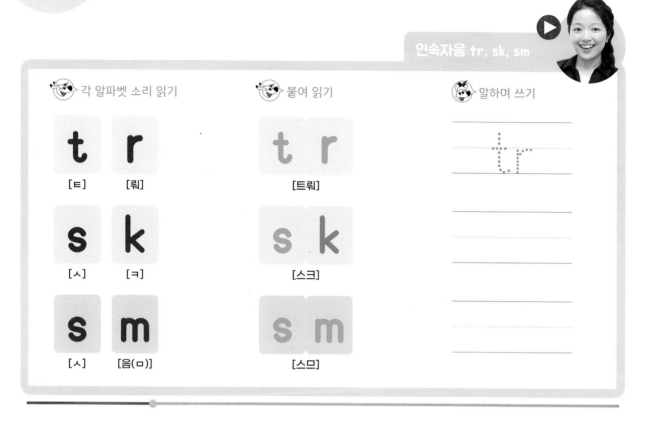

sm+og → smog

오늘의 단어 train 기차 trash 쓰레기 skate 스케이트 skunk 스컹크 smell 냄새가 나다, 냄새 맡다 smog 스모그

B Listen and Write 귀 기울여 듣고 써 보세요.

1 ____ell

2 ____ain

3 ____ate

4 ____og

5 ____ash

6 ____unk

C Read, Circle, and Sort 문장을 읽고 sm, tr, sk 소리로 시작하는 단어를 찾아 O표 하고 분류도 해 보세요.

I can smell.

I can smell the trash.

I can smell the skunk.

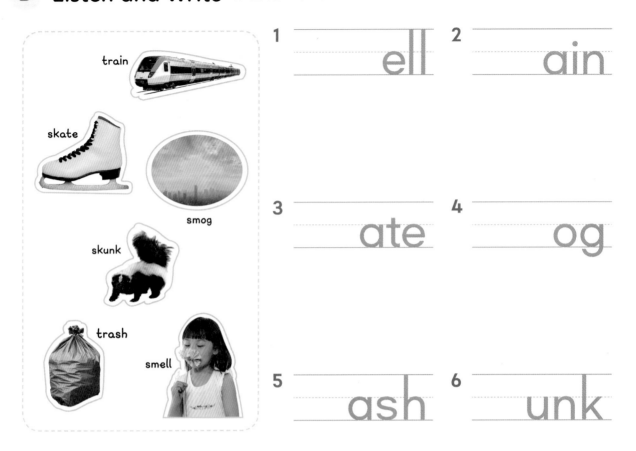

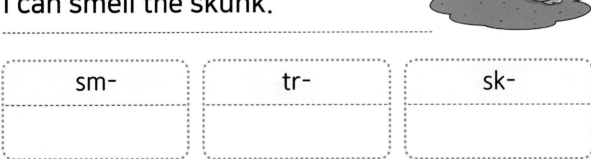

sm-	tr-	sk-

해석 나는 냄새를 맡을 수 있어요. 나는 쓰레기 냄새를 맡을 수 있어요. 나는 스컹크 냄새를 맡을 수 있어요.

Write 그림과 어울리는 단어를 <보기>에서 찾아 써 보세요.

보기

smog trash train smell skate skunk

1

t r _ _ _

2

_ _ _ _ _

3

_ _ _ _ _

4

s m _ _ _

5

s k _ _ _

6

_ _ _ _

별쌤과 함께 라이밍 워드

ell[엘]로 끝나는 단어들을 배워 봐요. 별쌤이 읽어 주는 소리를 잘 듣고 빈칸을 채워 보세요.

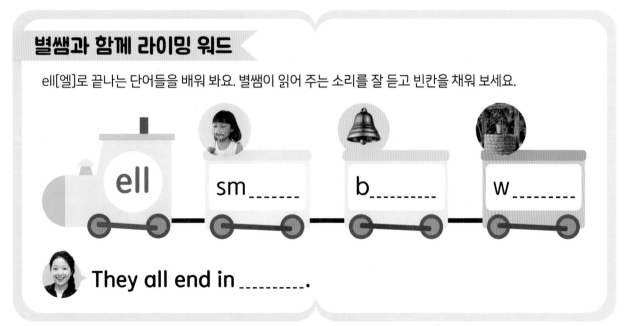

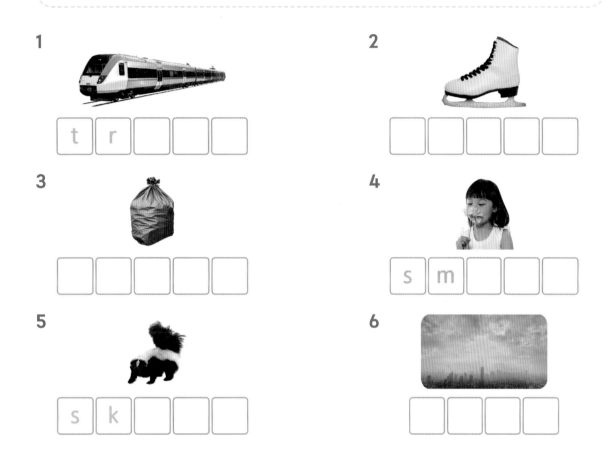

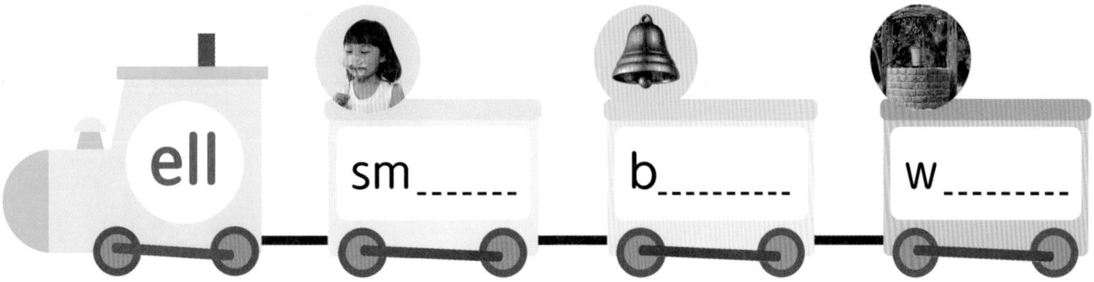

They all end in _________.

새로운 단어 bell 종 well 우물

snack, stop, sweet을 읽어요

연속자음 sn, st, sw

🐄 각 알파벳 소리 읽기

s **n**
[ㅅ] [은(ㄴ)]

s **t**
[ㅅ] [ㅌ]

s **w**
[ㅅ] [워]

🐄 붙여 읽기

s **n**
[스느]

s **t**
[스트]

s **w**
[스워]

🐷 말하며 쓰기

sn

A Listen and Repeat 듣고 따라 읽어 보세요.

sn+ack → snack

st+op → stop

sw+eet → sweet

sn+ail → snail

st+amp → stamp

sw+im → swim

오늘의 단어 snack 간식   snail 달팽이   stop 멈추다, 그만하다   stamp 도장   sweet 달콤한, 단 것   swim 수영하다

B Listen and Write 귀 기울여 듣고 써 보세요.

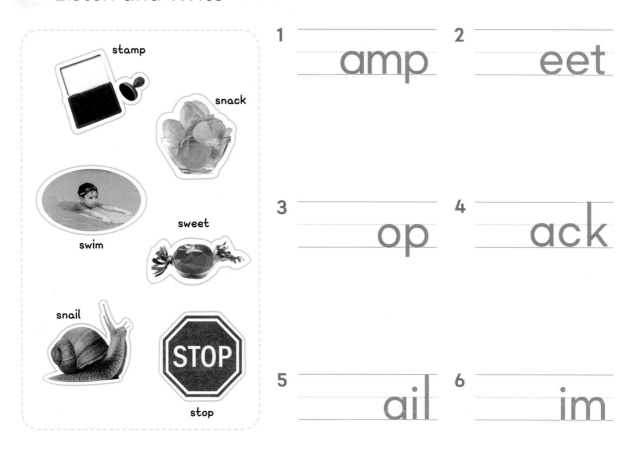

1 ____amp

2 ____eet

3 ____op

4 ____ack

5 ____ail

6 ____im

C Read, Circle, and Sort 문장을 읽고 sn, st 소리로 시작하는 단어를 찾아 ○표 하고 분류도 해 보세요.

Please, stop!

Please, stop eating my snack!

Please, stop touching my stamp!

별쌤의 한마디!

다른 사람에게 정중하게 부탁할 때에는 문장 맨 앞이나 뒤에 'please'를 덧붙입니다. 또한 강력하게 요청할 때에도 사용할 수 있어요.

sn-	st-
____________	____________, ____________

해석 제발, 그만해요! 제발, 내 간식을 먹지 마세요! 제발, 내 도장을 만지지 마세요!

Listen, Circle, and Write

소리를 듣고 알맞은 글자를 찾아 ○표 하고 단어를 완성하세요.

1

sn | st | sw

im

2

sn | st | sw

amp

3

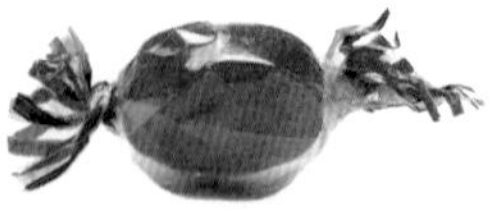

sn | st | sw

eet

4

sn | st | sw

ail

5

sn | st | sw

ack

6

sn | st | sw

op

별쌤과 함께 라이밍 워드

ail[에일]로 끝나는 단어들을 배워 봐요. 별쌤이 읽어 주는 소리를 잘 듣고 빈칸을 채워 보세요.

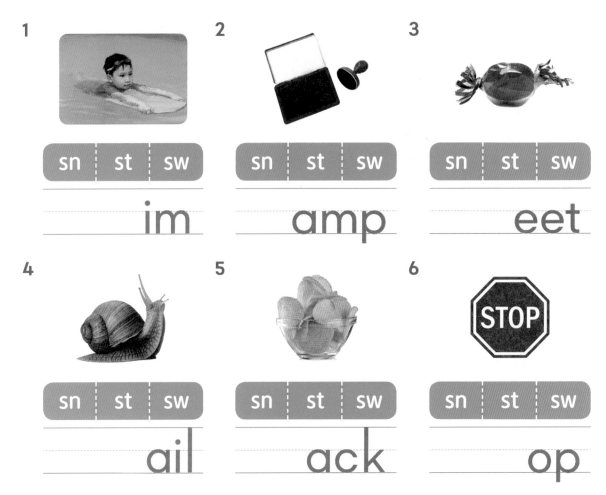

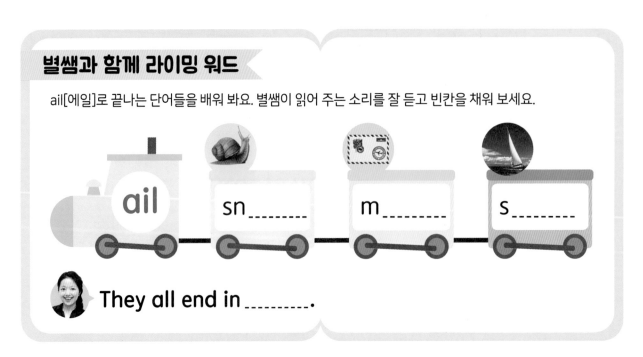

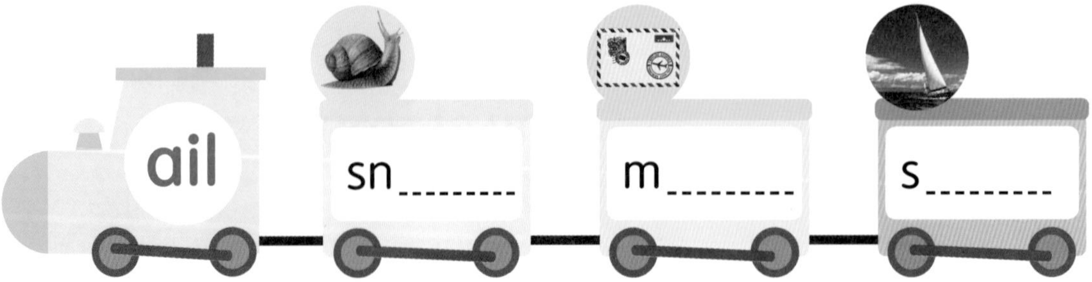

They all end in _________.

새로운 단어 sail 항해하다

unit 26

chin, ship, sing을 읽어요

unit 26 강의

이중자음 ch, sh, ng

글자 이름 말하기 | 소리 내기 | 말하며 쓰기

글자 이름 말하기	소리 내기	말하며 쓰기
c + h	ch [츠]	ch
s + h	sh [쉬]	
n + g	ng [응]	

* 이중자음 ch, sh, ng은 두 가지 자음이 만나 새로운 한 가지 소리가 나는 경우예요.

A Listen and Repeat 듣고 따라 읽어 보세요.

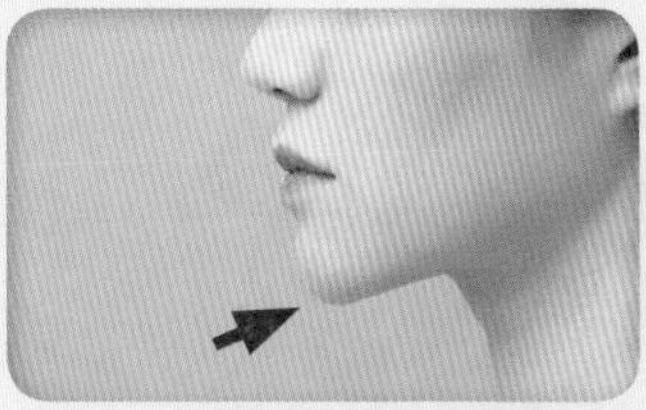

ch+in → chin

sh+ip → ship

si+ng → sing

ch+at → chat

sh+ell → shell

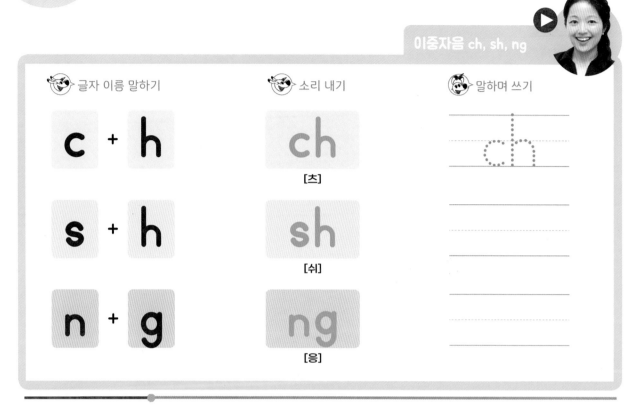

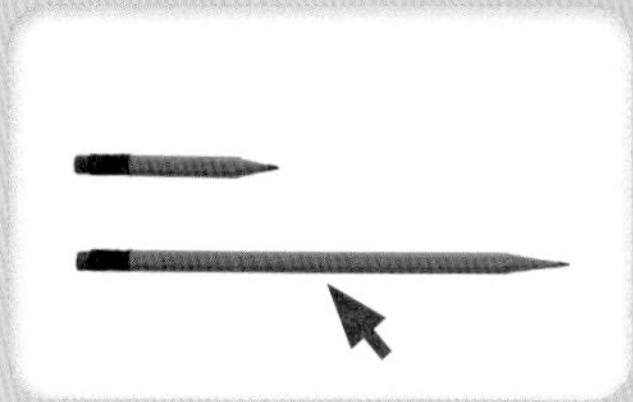

lo+ng → long

오늘의 단어 chin 턱 chat 이야기를 나누다 ship (큰) 배 shell 조개 sing 노래하다 long 긴

B Listen and Write 귀 기울여 듣고 써 보세요.

1 ____at

2 ____ell

3 ____in

4 si____

5 ____ip

6 lo____

C Read, Circle, and Sort 문장을 읽고 ch, sh, ng 소리가 나는 단어를 찾아 ○표 하고 분류도 해 보세요.

Let's chat!

Let's look for a shell!

Let's sing!

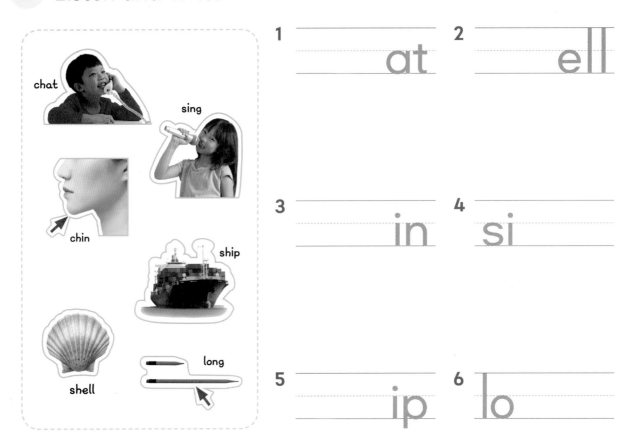

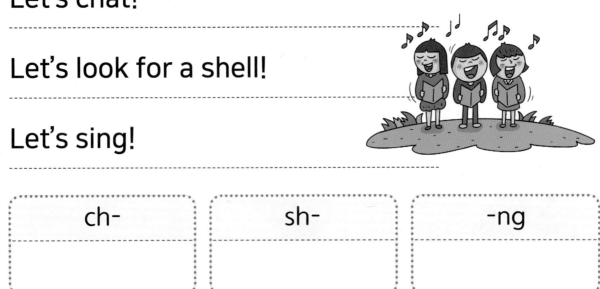

ch-	sh-	-ng

해석 (우리) 이야기를 하자! (우리) 조개를 찾아보자! (우리) 노래를 부르자!

Listen and Match 단어를 듣고 그림과 어울리는 단어를 선으로 이으세요.

1 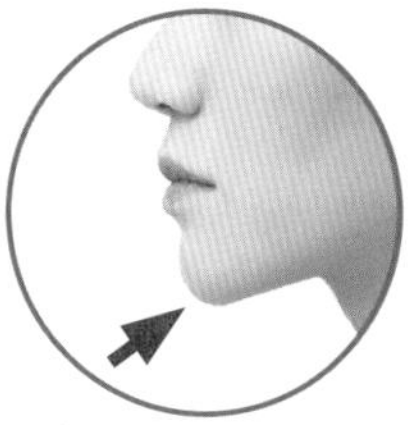 • • ship

2  • • long

3  • • chin

4  • • shell

별쌤과 함께 라이밍 워드

ing[잉]으로 끝나는 단어들을 배워 봐요. 별쌤이 읽어 주는 소리를 잘 듣고 빈칸을 채워 보세요.

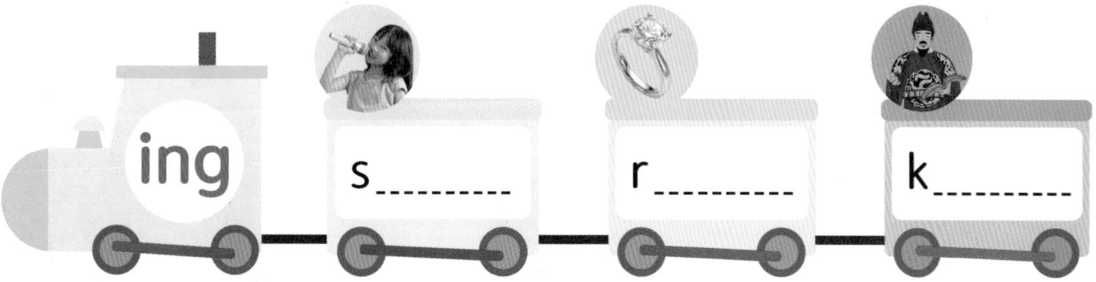

 They all end in __________.

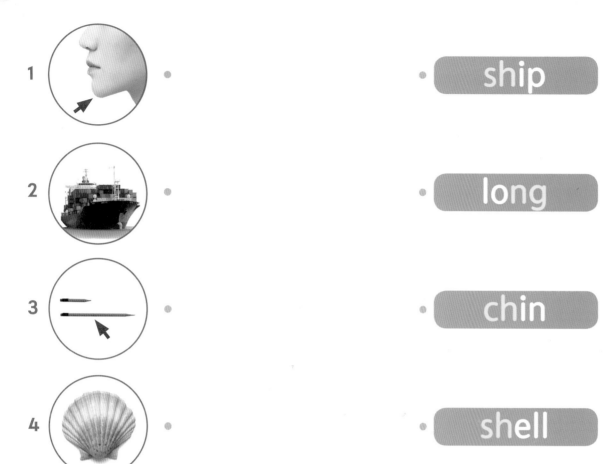

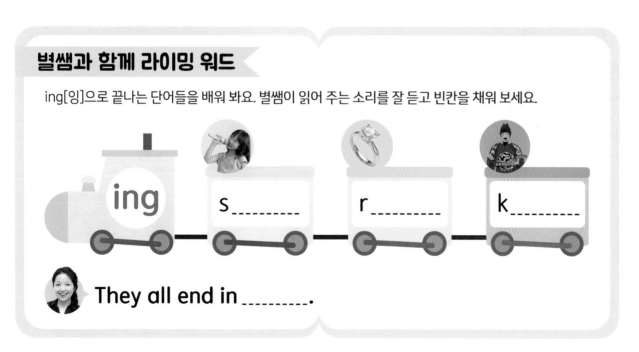

새로운 단어 ring 반지 king 왕

unit 27 wheel, three, this를 읽어요

unit 27 강의

이중자음 wh, th①, th②

글자 이름 말하기	소리 내기	말하며 쓰기
w + h	wh [워]	wh
t + h	th [쓰]	
t + h	th [드]	

* t와 h를 합치면 th[쓰]와 th[드] 두 가지 소리가 나요.

A Listen and Repeat 듣고 따라 읽어 보세요.

wh+eel → wheel

th+ree → three

th+is → this

wh+ale → whale

th+ink → think

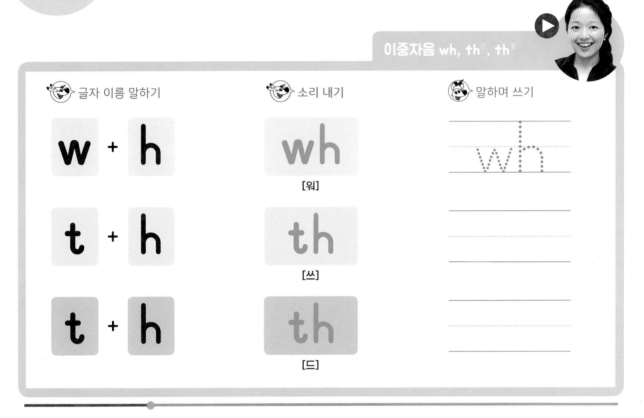

th+at → that

오늘의 단어 wheel 바퀴 whale 고래 three 3, 셋 think 생각하다 this 이것 that 저것

B Listen and Write 귀 기울여 듣고 써 보세요.

1 ____is

2 ____ale

3 ____at

4 ____eel

5 ____ree

6 ____ink

C Read, Circle, and Sort 문장을 읽고 wh, th 소리로 시작하는 단어를 찾아 ○표 하고 분류도 해 보세요.

This is a wheel.

This is three.

This is a whale.

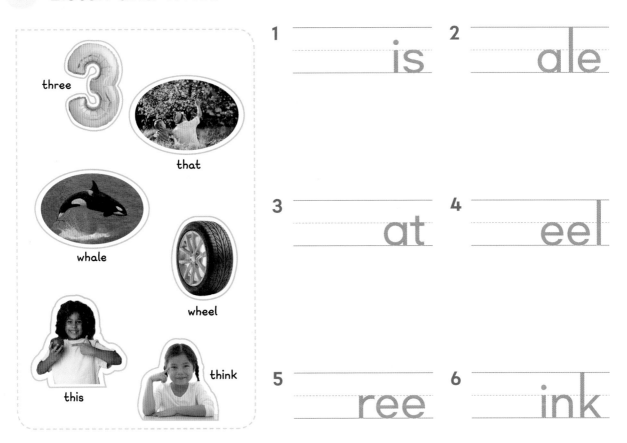

wh-	th- [쓰]	th- [드]
__________, __________		

해석 이것은 바퀴예요. 이것은 3이에요. 이것은 고래예요.

Listen, Circle, and Write 소리를 듣고 알맞은 글자를 찾아 ○표 하고 단어를 완성하세요.

1
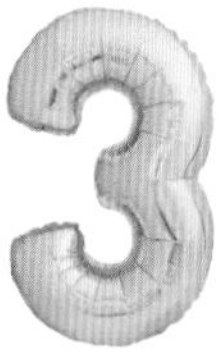

th | wh

___ree

2

th | wh

___at

3

th | wh

___eel

4

th | wh

___ale

5

th | wh

___is

6

th | wh

___ink

별쌤과 함께 라이밍 워드

at으로 끝나는 단어들을 배워 봐요. 별쌤이 읽어 주는 소리를 잘 듣고 빈칸을 채워 보세요.

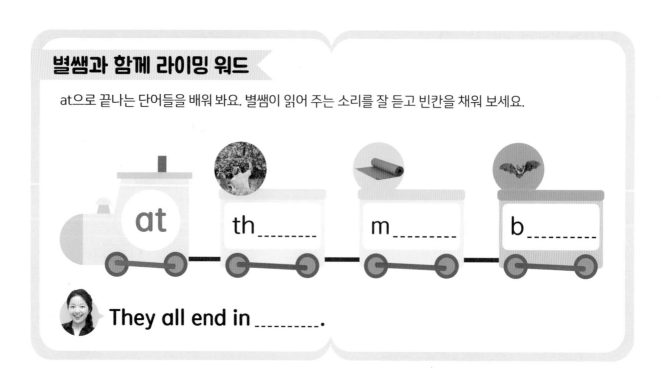

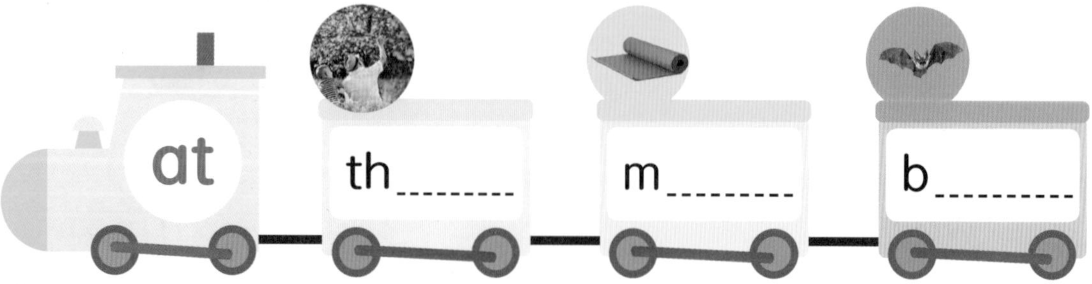

They all end in _________.

unit 28 연속자음과 이중자음을 모아서 연습해요

unit 28 듣기

A Listen and Write 듣고 알맞은 글자를 찾아 ○표 하고 단어를 완성하세요.

1 

dr | pr

___ess

2 

sk | sm

___og

3 

sn | st

___ack

4 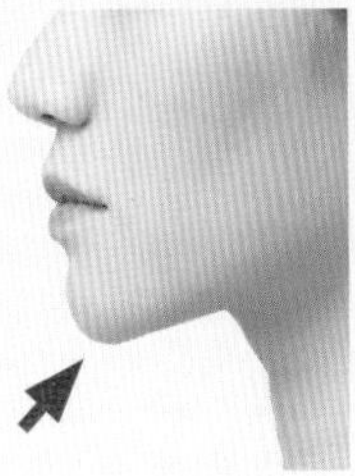

sh | ch

___in

B Listen and Circle 듣고 알맞은 단어에 ○표 하세요.

1  

clip | crab

2  

stamp | skunk

3  

flag | pray

4  

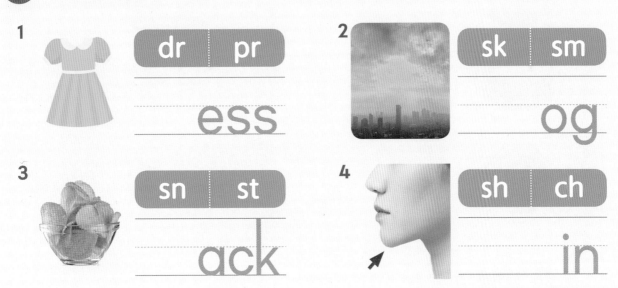

class | grass

C Listen and Match 듣고 그림과 어울리는 단어를 선으로 이으세요.

1 

2 

3 

4 

- train
- sleep
- drum
- stop

D Listen and Write 듣고 알파벳 카드를 조합해 단어를 쓰세요.

1 

s p h i

2 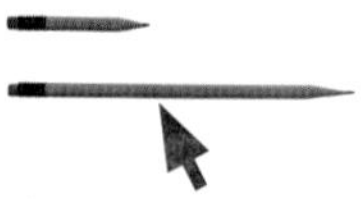

o g l n

3 

t r e h e

4 

l h w a e

Circle and Read 그림과 어울리는 단어에 ○표 하고 문장을 읽으세요.

1

Let's chat / sing .

2

This is a whale / wheel .

3

I can smell the skunk / trash .

4

Where is my block / flag ?

5

Where is the crib / brush ?

넷째 마당

이중모음과 R 통제모음

Diphthongs & R-controlled Vowels

이중모음은 두 개의 모음이 합쳐져서 새로운 소리가 나요. 예를 들면 이중모음 oi의 각 알파벳 소리는 o[아], i[이]이지만 합쳐져서 oi[오이]와 같은 새로운 소리가 나요.

그 외에도 모음 뒤에 r이 붙어 원래의 소리와 달라지는 경우도 배워 볼 거예요.

넷째 마당을 배우면 읽을 수 있는 단어

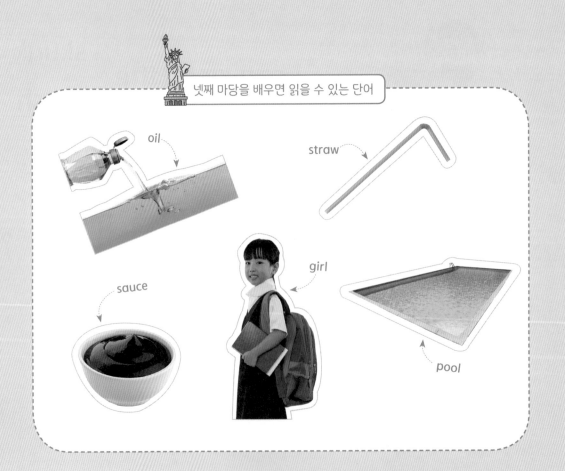

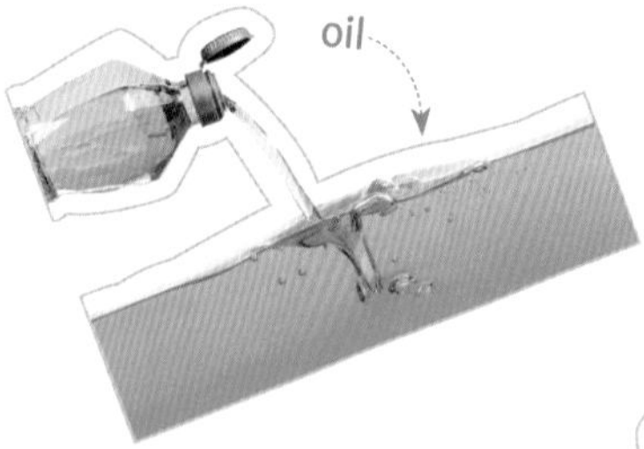

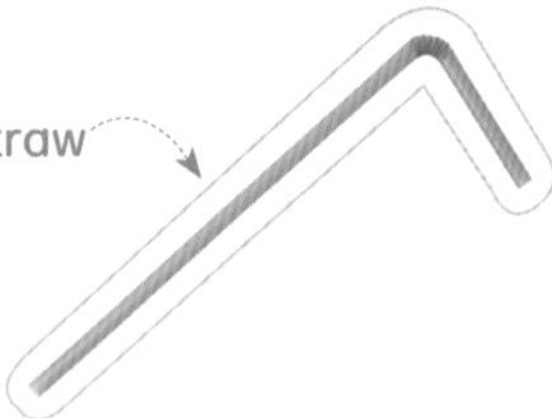

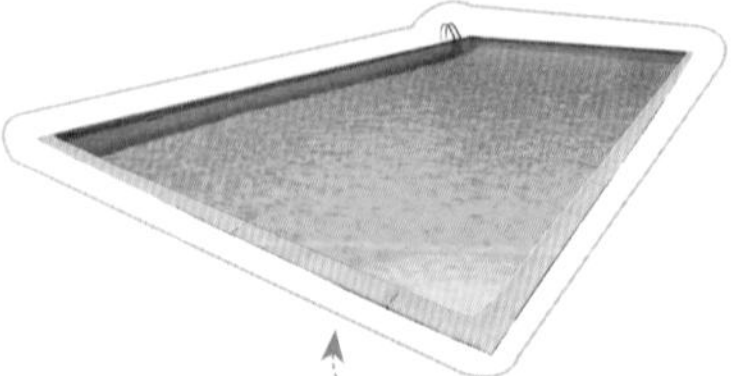

oil, toy를 읽어요

unit 29 강의

이중모음 oi, oy

글자 이름 말하기	소리 내기	말하며 쓰기
o + i	oi [오이]	oi
o + y	oy [오이]	

* 모음 두 개가 연이어 나올 때에도 새로운 소리를 내는 경우가 있어요. 예를 들어 알파벳 o 뒤에 i 또는 y가 있으면 [오이]라는 소리가 나요.

A Listen and Repeat 듣고 따라 읽어 보세요.

oi+l → oil

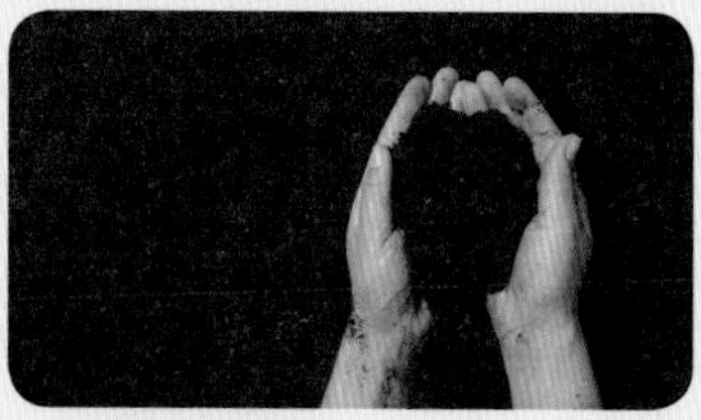

s+oi+l → soil

c+oi+n → coin

t+oy → toy

b+oy → boy

j+oy → joy

오늘의 단어 oil 기름 soil 흙 coin 동전 toy 장난감 boy 남자아이 joy 기쁨

B Listen and Write 귀 기울여 듣고 써 보세요.

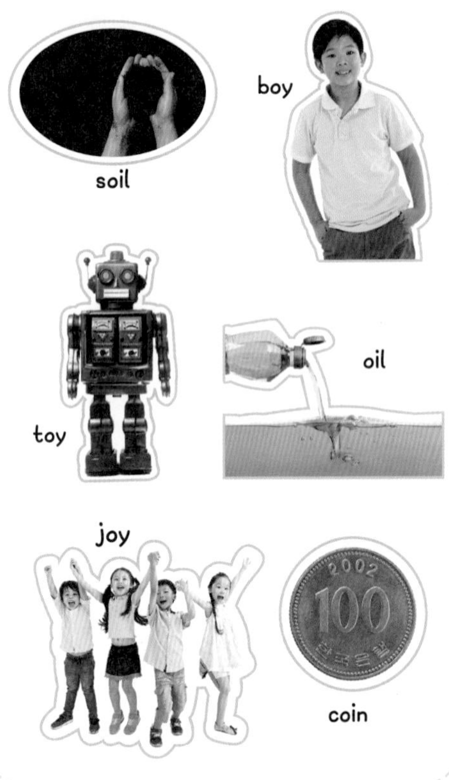

1 ______ l

2 b ______

3 c ______ n

4 s ______ l

5 j ______

6 t ______

C Read, Circle, and Sort 문장을 읽고 oi, oy 소리가 나는 단어를 찾아 ○표 하고 분류도 해 보세요.

The coin is silver.

The oil is yellow.

The toy is blue.

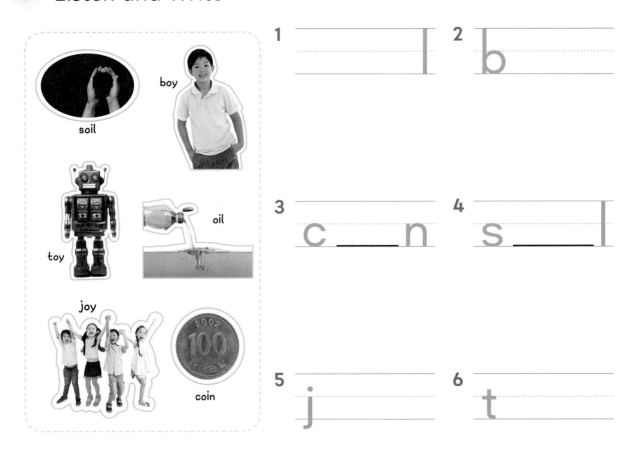

-oi-, oi-	-oy
______, ______	

해석 동전이 은색이에요. 기름이 노란색이에요. 장난감이 파란색이에요.

Write 그림과 어울리는 단어를 <보기>에서 찾아 써 보세요.

보기

joy coin boy soil toy oil

1

b _ _

2

_ _ _ _

3

_ _ _ _

4

_ _ _

5

_ _ _

6

j _ _

별쌤과 함께 라이밍 워드

oil[오일]로 끝나는 단어들을 배워 봐요. 별쌤이 읽어 주는 소리를 잘 듣고 빈칸을 채워 보세요.

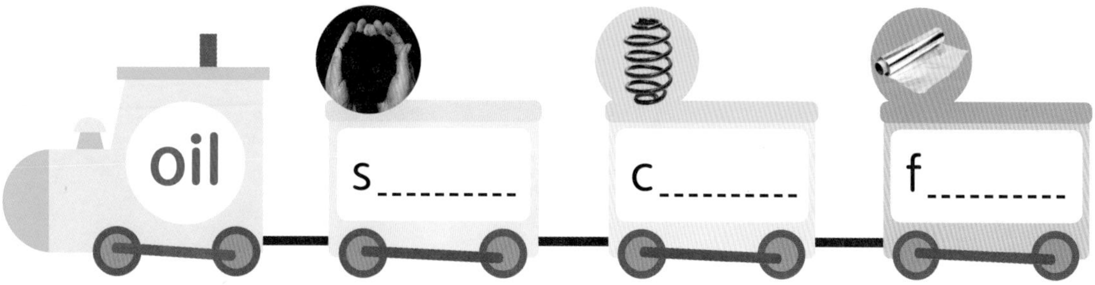

They all end in __________.

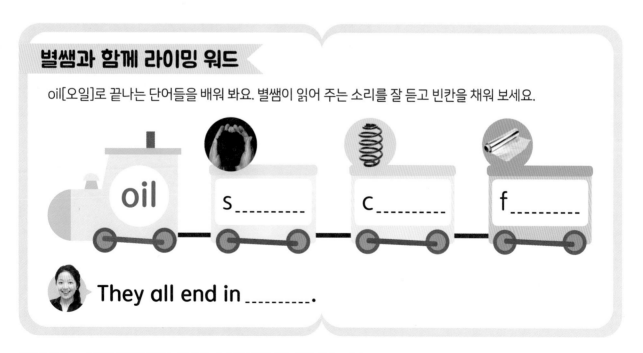

새로운 단어 coil (여러 겹으로 감아 놓은) 고리 foil (음식물을 싸는 알루미늄) 포장지

unit 30 강의

unit 30 August, draw를 읽어요

이중모음 au, aw

글자 이름 말하기	소리 내기	말하며 쓰기
a + u	au [어]	au
a + w	aw [어]	

A Listen and Repeat 듣고 따라 읽어 보세요.

Au+gust → August

s+au+ce → sauce

P+au+l → Paul

dr+aw → draw

s+aw → saw

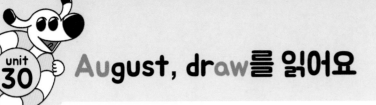

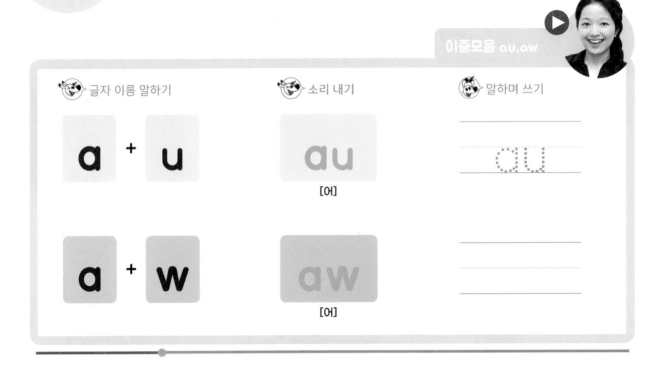

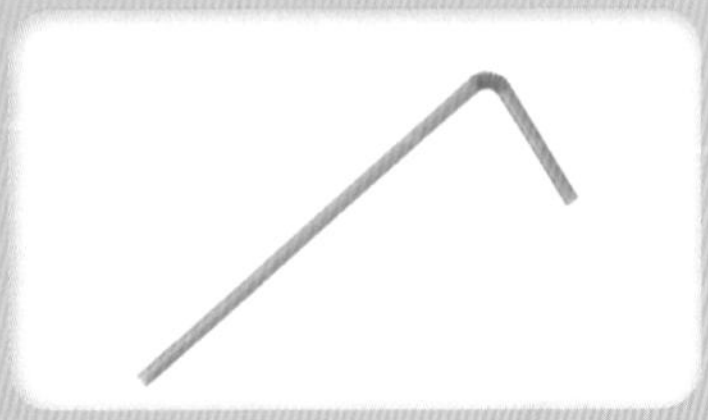

str+aw → straw

오늘의 단어 August 8월 sauce 소스 Paul 폴(남자 이름) draw 그리다 saw 톱 straw 빨대
*sauce에서 ce는 [ㅅ] 소리가 나요.

B Listen and Write 귀 기울여 듣고 써 보세요.

1 ___gust

2 dr___

3 P___l

4 str___

5 s___ce

6 s___

C Read, Circle, and Sort 문장을 읽고 au, aw 소리가 나는 단어를 찾아 O표 하고 분류도 해 보세요.

Show me the sauce.

Show me the saw.

Show me August.

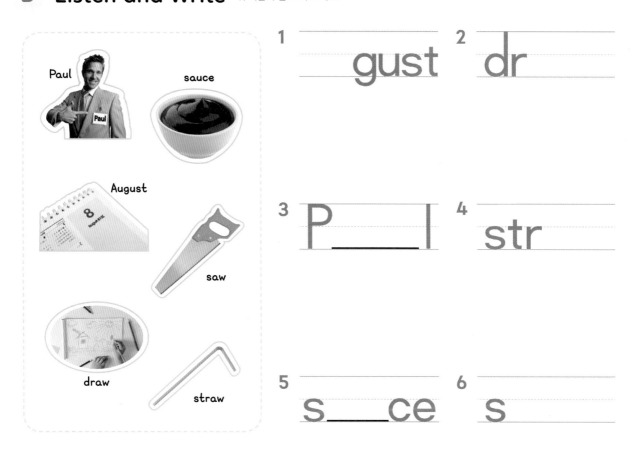

-au-, au-	-aw
______, ______	______

해석 나에게 소스를 보여 주세요. 나에게 톱을 보여 주세요. 나에게 (1년 달력 속) 8월을 보여 주세요.

Listen and Match 단어를 듣고 그림과 어울리는 단어를 선으로 이으세요.

1 

2 

3 

4 

- August
- straw
- Paul
- draw

별쌤과 함께 라이밍 워드

aw로 끝나는 단어들을 배워 봐요. 별쌤이 읽어 주는 소리를 잘 듣고 빈칸을 채워 보세요.

They all end in __________.

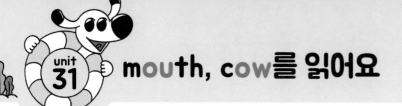

unit 31

mouth, cow를 읽어요

unit 31 강의

이중모음 ou, ow

글자 이름 말하기	소리 내기	말하며 쓰기
o + u	ou [아우]	ou
o + w	ow [아우]	

A Listen and Repeat 듣고 따라 읽어 보세요.

m+ou+th → mouth

l+ou+d → loud

sh+ou+t → shout

c+ow → cow

ow+l → owl

d+ow+n → down

오늘의 단어 mouth 입 loud 시끄러운 shout 소리치다 cow 암소, 젖소 owl 올빼미, 부엉이 down 아래로

B Listen and Write 귀 기울여 듣고 써 보세요.

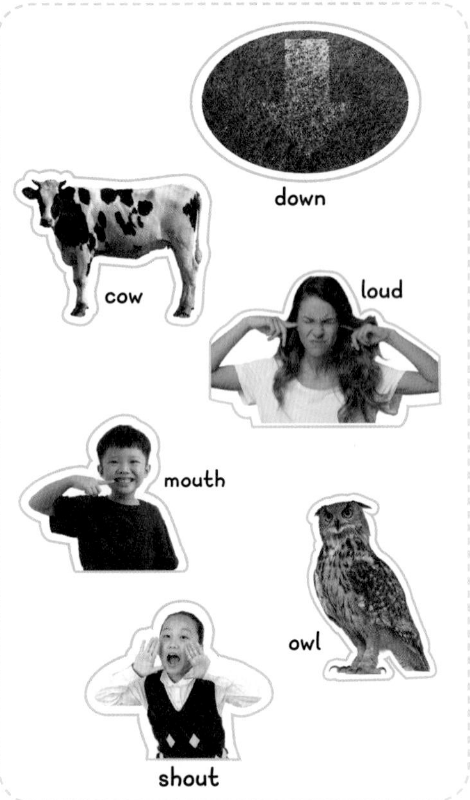

1 c______

2 sh____t

3 ______l

4 l____d

5 d____n

6 m____th

C Read, Circle, and Sort 문장을 읽고 ou, ow 소리가 나는 단어를 찾아 ○표 하고 분류도 해 보세요.

Look at the mouth.

Look at the cows.

Look at the owl.

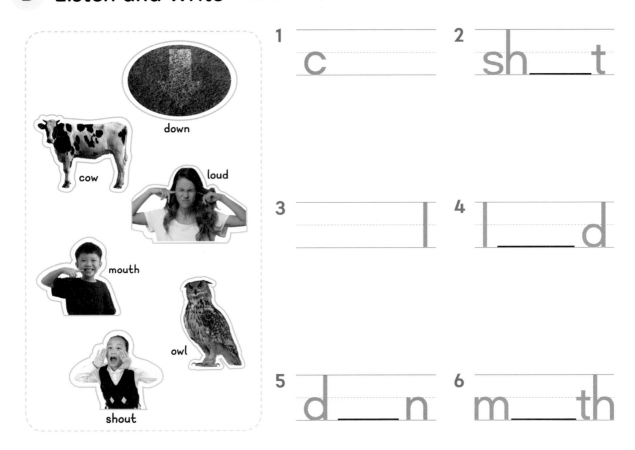

-ou-	-ow, ow-
	______s, ______

해석 입을 보세요. 젖소들을 보세요. 올빼미를 보세요.

Circle and Say 그림과 어울리는 글자끼리 묶고 큰 소리로 읽어 보세요.

1 c ⟨ ou / ow ⟩

2 l ⟨ ou / ow ⟩ d

3 m ⟨ ou / ow ⟩ th

4 ⟨ ou / ow ⟩ l

5 sh ⟨ ou / ow ⟩ t

6 d ⟨ ou / ow ⟩ n

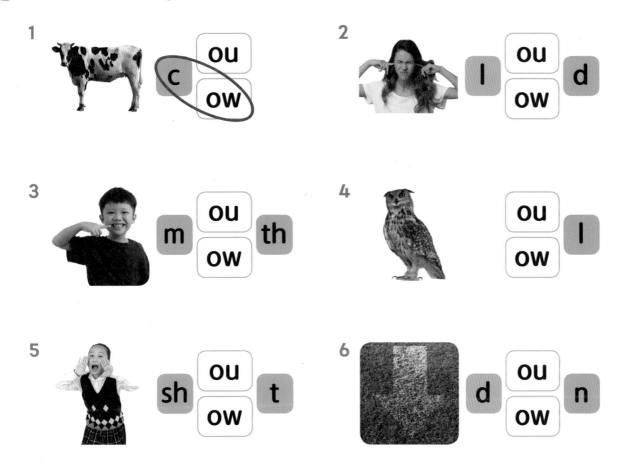

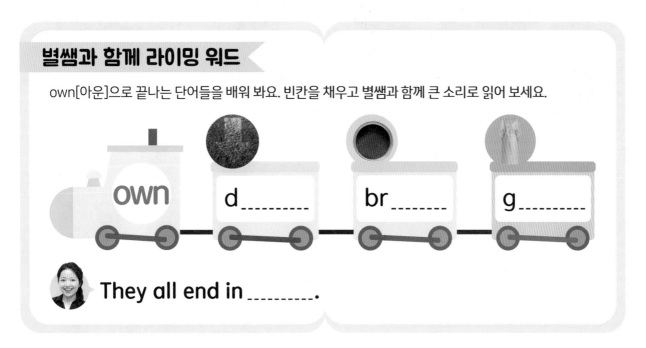

own   d_____   br_____   g_____

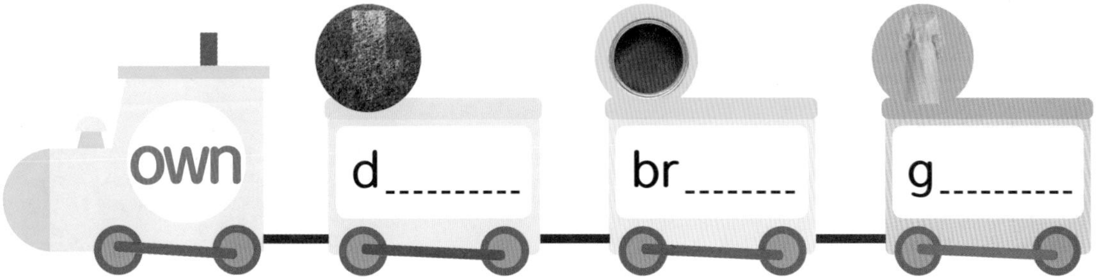

They all end in _____.

새로운 단어 **brown** 갈색   **gown** (특별한 경우에 입는 여자의) 드레스

unit 32 zoo, book을 읽어요

unit 32 강의

이중모음 oo①, oo②

글자 이름 말하기 | 소리 내기 | 말하며 쓰기

o + o → oo [우]

o + o → oo [으]

* 'oo' 소리 패턴은 두 가지 소리가 나요. 첫 번째 소리는 '우~'에 가깝게 길게 소리가 나고, 두 번째는 '으'와 같이 짧게 소리가 나요. oo[우]에 가까운 소리를 낼 때는 입술을 쭉 내밀고, oo[으] 소리를 낼 때는 입을 거의 닫은 상태로 발음해요.

A Listen and Repeat 듣고 따라 읽어 보세요.

z+oo → zoo

m+oo+n → moon

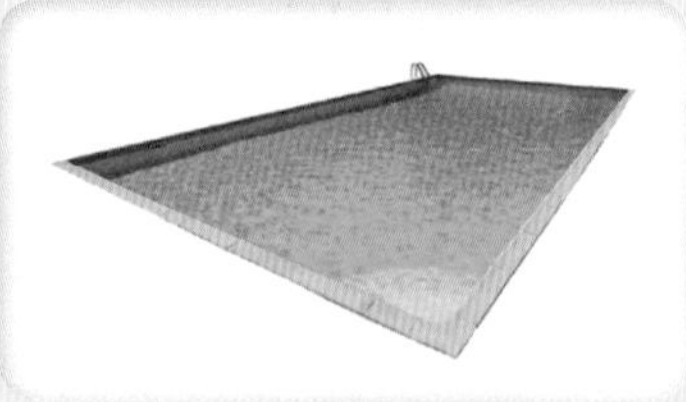
p+oo+l → pool

b +oo+k → book

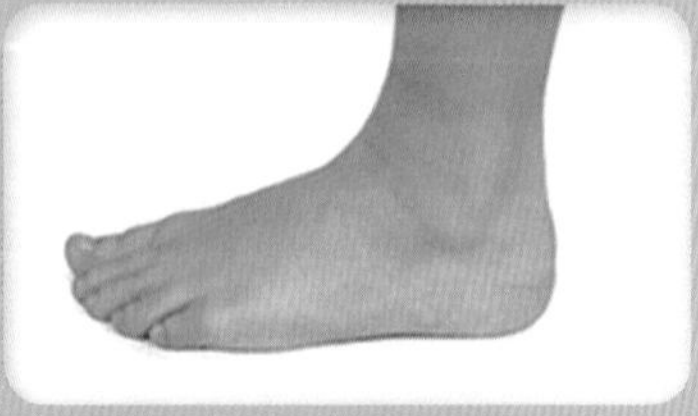
f+oo+t → foot

c+oo+k → cook

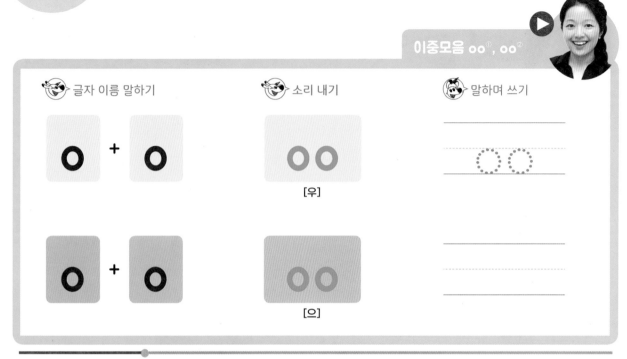

오늘의 단어 zoo 동물원 moon 달 pool 수영장 book 책 foot 발 cook 요리하다

B Listen and Write 귀 기울여 듣고 써 보세요.

cook

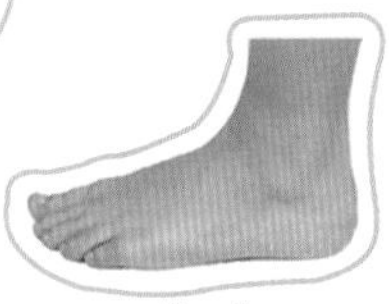

foot

zoo

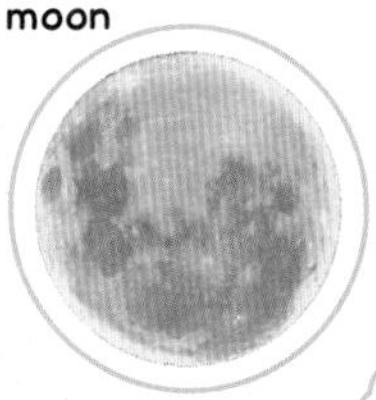

moon

pool

book

1 f ____ t

2 p ____ l

3 z ____

4 m ____ n

5 c ____ k

6 b ____ k

C Read, Circle, and Sort 문장을 읽고 oo 소리가 나는 단어를 찾아 ○표 하고 분류도 해 보세요.

Let's go to the zoo.

Let's go to the pool.

Let's cook.

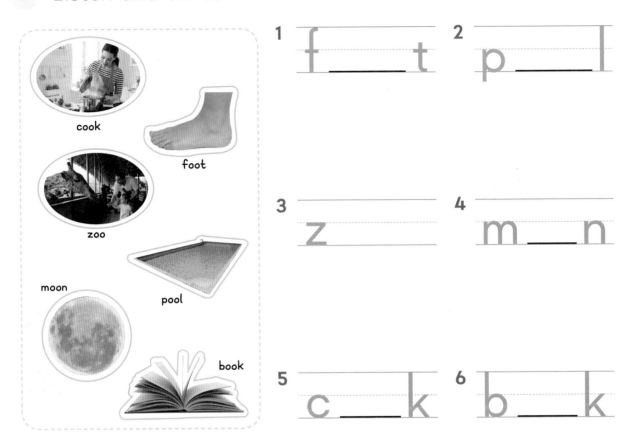

-oo, -oo- [우]	-oo- [으]
____________, ____________	

해석 (우리) 동물원에 가자. (우리) 수영장에 가자. (우리) 요리하자.

Write 그림과 어울리는 단어를 〈보기〉에서 찾아 써 보세요.

보기

zoo moon pool book foot cook

1

z _ _

2

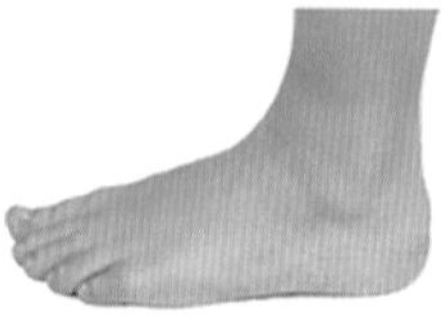

_ _ _ _

3

_ _ _ _

4

c _ _ _

5

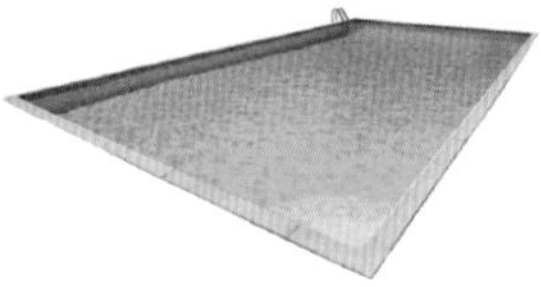

_ _ _ _

6

m _ _ _

별쌤과 함께 라이밍 워드

ool[우ㄹ]로 끝나는 단어들을 배워 봐요. 별쌤이 읽어 주는 소리를 잘 듣고 빈칸을 채워 보세요.

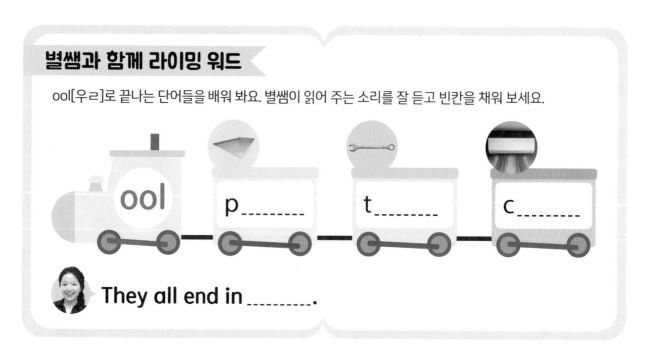

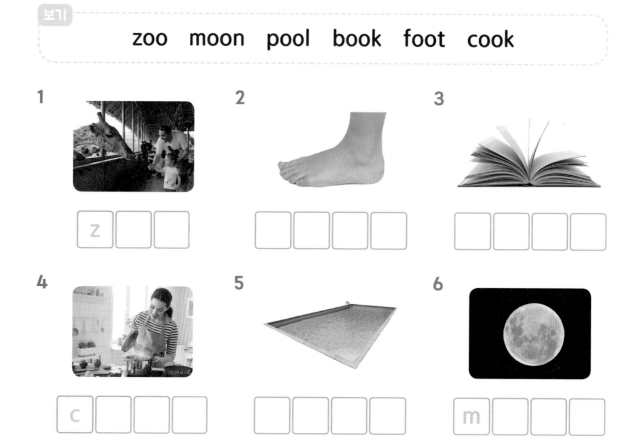

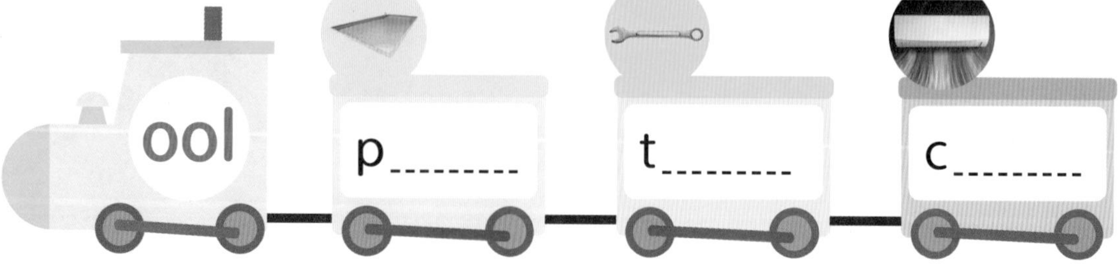

They all end in __________.

새로운 단어 tool 도구, 공구 cool 시원한

unit 33 jar, summer, fork를 읽어요

unit 33 강의

r 통제모음 ar, er, or

글자 이름 말하기	소리 내기	말하며 쓰기
a + r	ar [아ㄹ]	ar
e + r	er [어ㄹ]	
o + r	or [오어ㄹ]	

* 모음 a, e, o에 자음 r이 붙으면 새로운 소리가 날 때가 있어요. r이 앞에 있는 모음의 소리를 바꿔, ar[아ㄹ] , er[어ㄹ], or[오어ㄹ]과 같은 소리가 나요. 입을 크게 벌린 상태에서 소리를 내는 것을 잊지 마세요.

A Listen and Repeat 듣고 따라 읽어 보세요.

j+ar → jar

summ+er → summer

f+or+k → fork

f+ar+m → farm

sist+er → sister

c+or+n → corn

오늘의 단어 jar (잼 등을 보관하는) 병 farm 농장 summer 여름 sister 언니, 여동생, 누나 fork 포크 corn 옥수수

* mm 소리 패턴은 글자는 두 개지만 소리는 mm[음]과 같이 한 가지 소리만 나요.

B Listen and Write 귀 기울여 듣고 써 보세요.

1 f ___ k

2 j

3 summ

4 f ___ m

5 sist

6 c ___ n

C Read, Circle, and Sort 문장을 읽고 or, ar, er 소리가 나는 단어를 찾아 ○표 하고 분류도 해 보세요.

Touch the fork.

Touch the jar.

Touch your summer shoes.

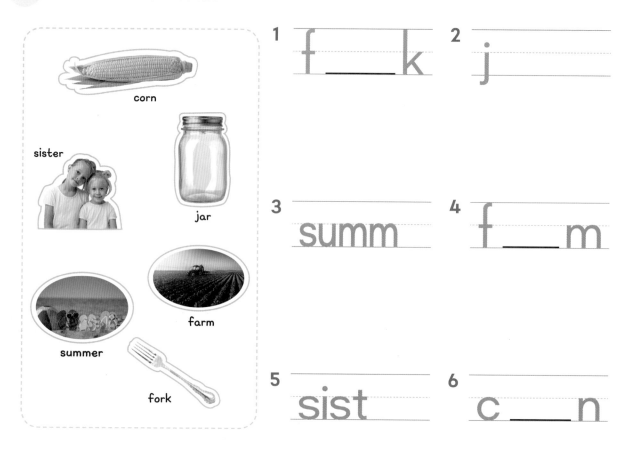

-or-	-ar	-er

해석 포크를 만져 보세요. 병을 만져 보세요. 너의 여름 신발을 만져 보세요.

Listen and Match 듣고 그림과 어울리는 단어를 선으로 이으세요.

1 

2 

3 

4 

corn

sister

farm

summer

별쌤과 함께 라이밍 워드

ar로 끝나는 단어들을 배워 봐요. 별쌤이 읽어 주는 소리를 잘 듣고 빈칸을 채워 보세요.

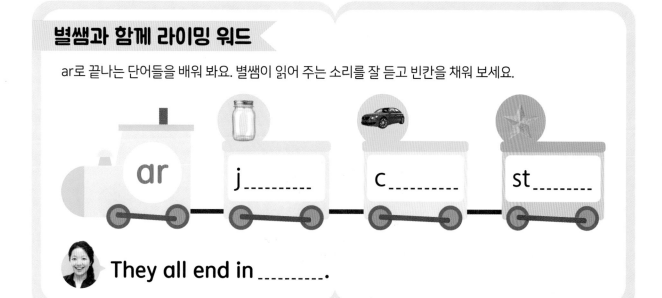

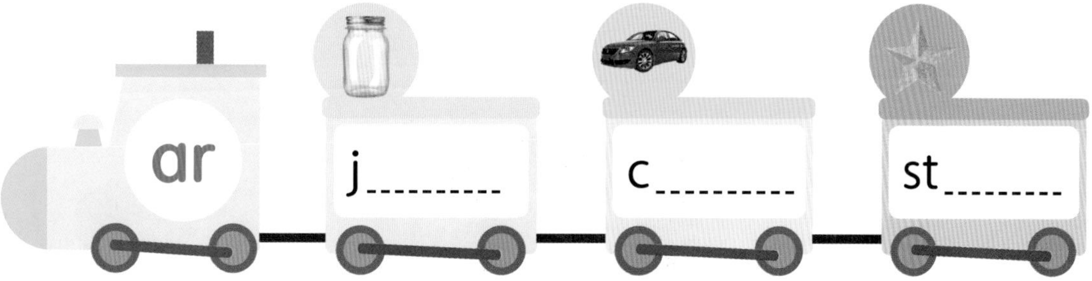

They all end in ________.

새로운 단어 car 자동차 star 별

unit 34 bird, fur를 읽어요

unit 34 강의

R 통제모음 ir, ur

글자 이름 말하기	소리 내기	말하며 쓰기
i + r	ir [어ㄹ]	ir
u + r	ur [어ㄹ]	

* 이번에는 모음 i, u 뒤에 r이 붙어 [어ㄹ]로 소리가 바뀌는 경우예요.

A Listen and Repeat 듣고 따라 읽어 보세요.

b+ir+d → bird

g+ir+l → girl

sh+ir+t → shirt

f+ur → fur

b+ur+n → burn

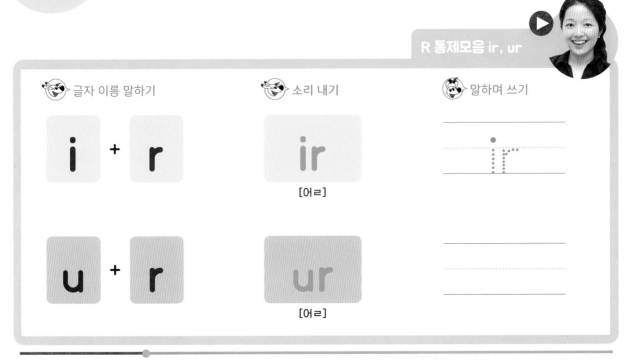

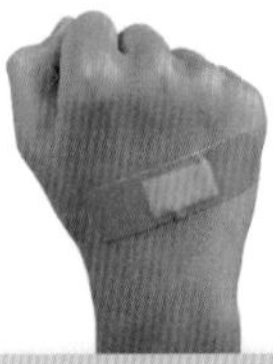

h+ur+t → hurt

오늘의 단어 bird 새 girl 여자아이 shirt 셔츠 fur 털, 모피 burn 타다 hurt 다치게 하다

B Listen and Write 귀 기울여 듣고 써 보세요.

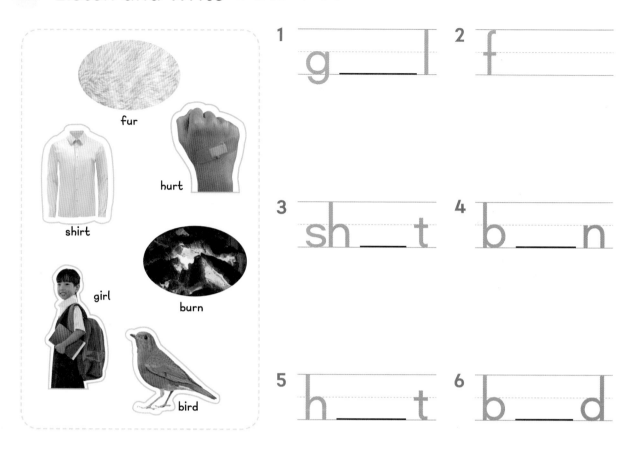

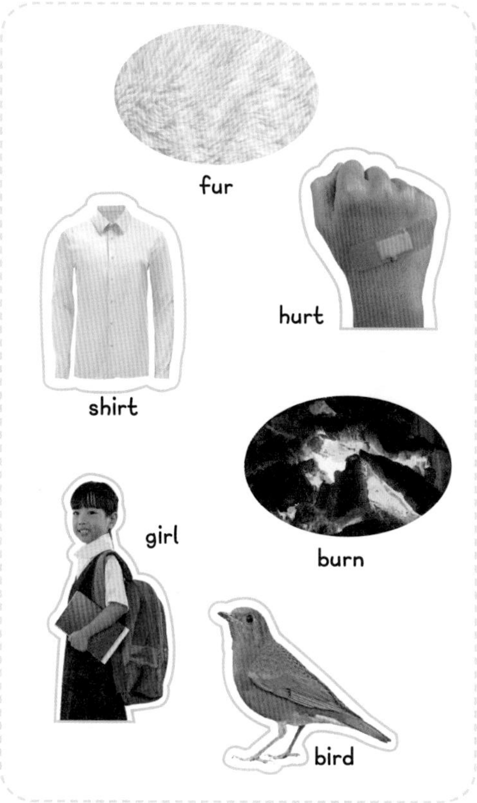

1 g ___ l

2 f ___

3 sh ___ t

4 b ___ n

5 h ___ t

6 b ___ d

C Read, Circle, and Sort 문장을 읽고 ir, ur 소리가 나는 단어를 찾아 ○표 하고 분류도 해 보세요.

Is that her bird?

Is that her shirt?

Is that her fur?

별쌤의 한마디!

'Is that ~?'은 '저것은 ~인가요?'라는 의미로 상대방에게 멀리 있는 것에 대해 물어볼 때 사용해요. her은 '그녀의'라는 뜻으로 her bird/shirt/fur처럼 뒤에는 물건이나 동물의 이름을 나타내는 말이 나와요.

-ir-	-ur
____________, ____________	

해석 저것은 그녀의 새인가요? 저것은 그녀의 셔츠인가요? 저것은 그녀의 털(모피)인가요?

Circle and Say 그림과 어울리는 글자끼리 묶고 큰 소리로 읽어 보세요.

1

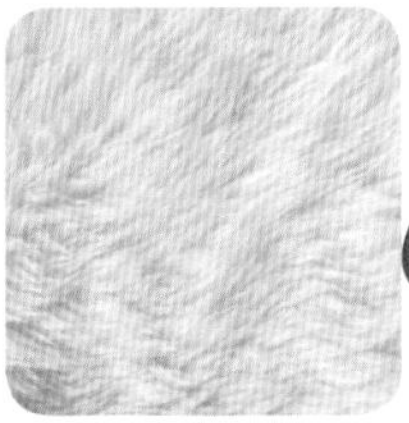

f | ur / ir

2

sh | ur / ir | t

3

b | ur / ir | n

4

g | ur / ir | l

5

b | ur / ir | d

6

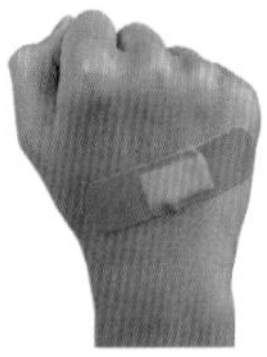

h | ur / ir | t

별쌤과 함께 라이밍 워드

irt[얼트]로 끝나는 단어들을 배워 봐요. 별쌤이 읽어 주는 소리를 잘 듣고 빈칸을 채워 보세요.

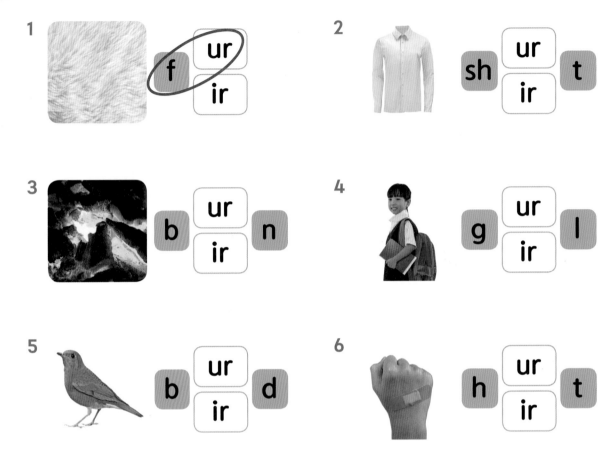

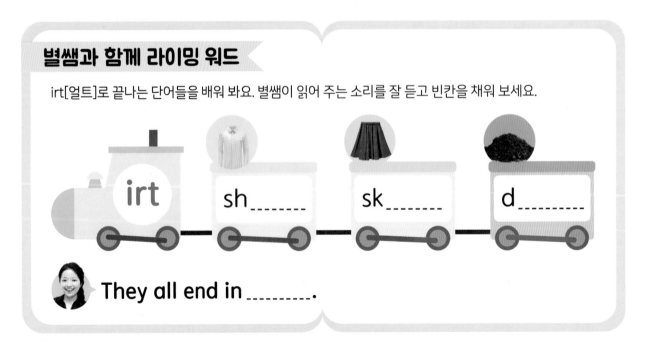

They all end in __________.

새로운 단어 skirt 치마 dirt 흙

unit 35

이중모음과 R 통제모음을 모아서 연습해요

unit 35 듣기

A Listen and Write 듣고 알맞은 글자를 찾아 ○표 하고 단어를 완성하세요.

1

or | aw

s

2

oo | ow

z

3

ar | er

j

4

oy | oi

b

B Listen and Circle 듣고 알맞은 단어에 ○표 하세요.

1

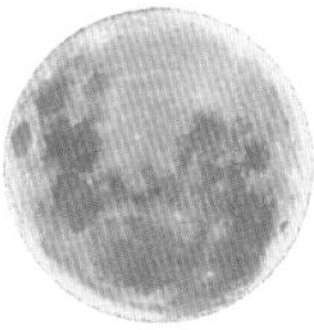

mouth | moon

2

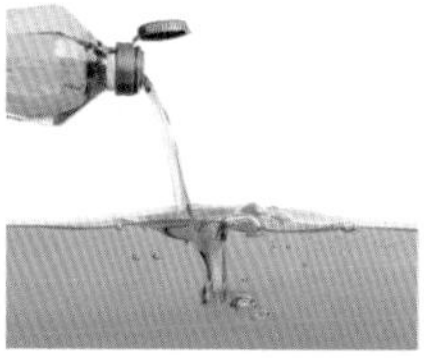

oil | owl

3

Paul | pool

4

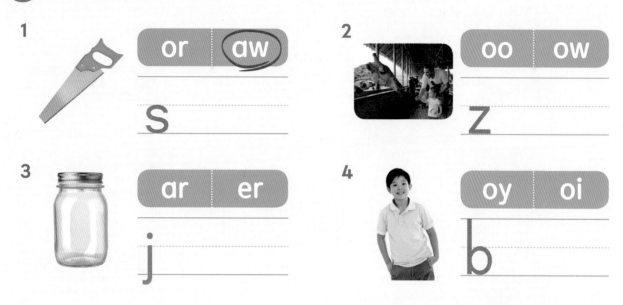

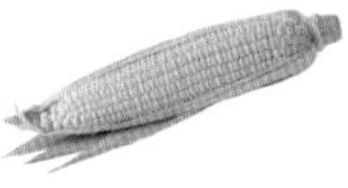

coin | corn

C Listen and Match 듣고 그림과 어울리는 단어를 선으로 이으세요.

1  • • joy

2  • • loud

3  • • book

4  • • sister

D Listen and Write 듣고 알파벳 카드를 조합해 단어를 쓰세요.

1 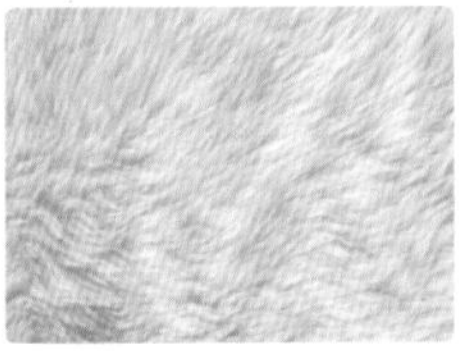

u r f

□□□

2 

g l r i

□□□□

3 

o c k o

□□□□

4 

o d n w

□□□□

Circle and Read 그림과 어울리는 단어에 ○표 하고 문장을 읽으세요.

1

Touch the fork / jar .

2

Show me the sauce / saw .

3

Let's go to the zoo / pool .

4

Look at the owl / cows .

5

The oil / toy is blue.

책 속에 숨어 있는 Sight Words

사이트 워드는 영어로 된 책이나 잡지에 자주 등장하는 단어를 말합니다.
사이트 워드는 파닉스 규칙대로 읽을 수 없는 단어도 있어서 보자마자 바로 읽을 수 있도록 꾸준히 훈련해야 해요. 책 속에 있는 문장으로 사이트 워드를 학습해 봐요.

	사이트 워드	책 속 대표 문장	대표 유닛
1	the	The ram is sad. 그 양은 슬퍼요.	01
2	big	The lab is big. 실험실은 커요.	01
3	is	The mat is red. 매트는 빨간색이에요.	02
4	a	I have a red bed. 나는 빨간 침대 한 개를 가지고 있어요.	03
5	have	I have ten pens. 나는 펜 10개를 가지고 있어요.	03
6	I	I have a net. 나는 그물을 가지고 있어요.	03
7	here	Here is the bib. 여기에 턱받이가 있어요.	05
8	can	Can you hit the baseball? 야구공을 칠 수 있나요?	06
9	you	Can you touch the fin? 너는 지느러미를 만질 수 있나요?	06
10	your	Can you point to your lip? 너는 네 입술을 가리킬 수 있나요?	06
11	see	Can you see the log? 너는 통나무가 보이나요?	07
12	where	Where is the box? 상자가 어디에 있나요?	08
13	all	Can we play all day? 우리 하루 다 놀 수 있나요?	12
14	in	Can we play in the rain? 우리 빗속에서 놀 수 있나요?	12
15	who	Who has a coat? 누가 코트를 가지고 있나요?	17
16	has	Who has a boat? 누가 보트를 가지고 있나요?	17
17	find	I can't find the bone. 나는 뼈를 찾을 수 없어요.	18
18	please	Please, stop! 제발, 그만해요!	25
19	let	Let's chat! (우리) 이야기를 하자!	26
20	me	Show me the sauce. 나에게 소스를 보여 주세요.	30
21	at	Look at the cows. 젖소들을 보세요.	31
22	to	Let's go to the zoo. 동물원에 가자.	32

바쁜 초등학생을 위한 빠른 파닉스

2 단모음·장모음·이중 글자

Phonics

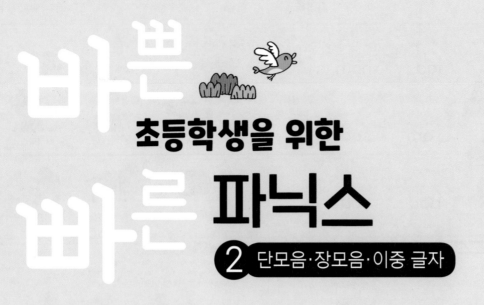

정답

ANSWERS

unit 01

13쪽

B Listen and Write 귀 기울여 듣고 써 보세요.

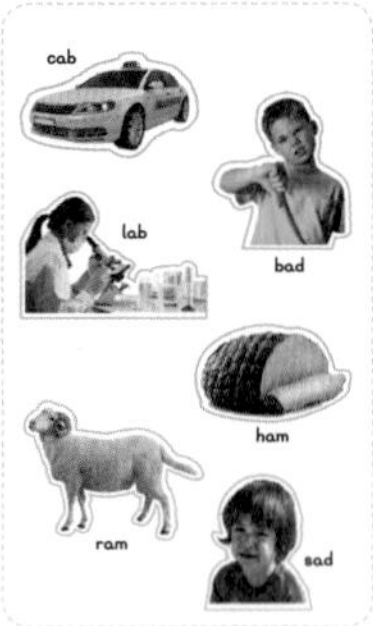

1 lab 2 ham

3 ram 4 sad

5 bad 6 cab

C Read, Circle, and Sort 문장을 읽고 ab, ad, am 소리로 끝나는 단어를 찾아 ○표 하고 분류도 해 보세요.

The (lab) is big.

The (ham) is (bad).

The (ram) is (sad).

ab로 끝나는 단어에요.

-ab	-ad	-am
lab	bad, sad	ham, ram

해석 실험실이 커요. 햄이 상한 상태예요. 양이 슬퍼요.

14쪽

Write 그림과 어울리는 단어를 <보기>에서 찾아 써 보세요.

보기: bad cab ram sad ham lab

1 cab 2 bad 3 sad

4 ham 5 ram 6 lab

별쌤과 함께 라이밍 워드

라이밍 워드 (rhyming words)는 끝소리가 같은 단어들이에요. 라이밍 워드는 일정한 소리가 반복되기 때문에 단어를 쉽게 따라 읽을 수 있어요. 미국에서는 저학년 때부터 라이밍 워드 활동을 매일 연습해요. 별쌤을 따라 라이밍 워드를 큰 소리로 따라 읽어 보세요.

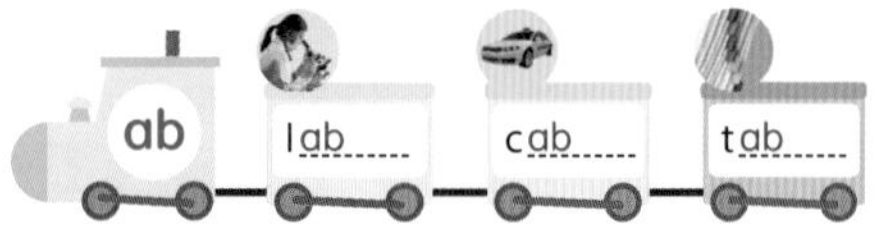

ab — lab — cab — tab

They all end in ab.

새로운 단어 tab 색인표

unit 02

16쪽

B Listen and Write 귀 기울여 듣고 써 보세요.

1 mat 2 bat

3 map 4 van

5 pan 6 nap

C Read, Circle, and Sort 문장을 읽고 an, ap, at 소리로 끝나는 단어를 찾아 ○표 하고 분류도 해 보세요.

The (pan) is hot.

The (map) is big.

The (mat) is red.

-an	-ap	-at
pan	map	mat

해석 냄비가 뜨거워요. 지도가 커요. 매트는 빨간색이에요.

17쪽

Connect and Write 소리를 듣고 글자를 이어서 단어를 만들어 써 보세요.

1 pan

2 nap

3 mat

4 bat

별쌤과 함께 라이밍 워드

an으로 끝나는 단어들을 배워 봐요. 별쌤이 읽어 주는 소리를 잘 듣고 빈칸을 채워 보세요.

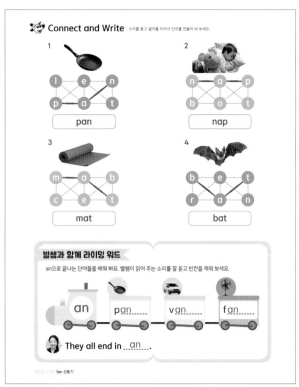

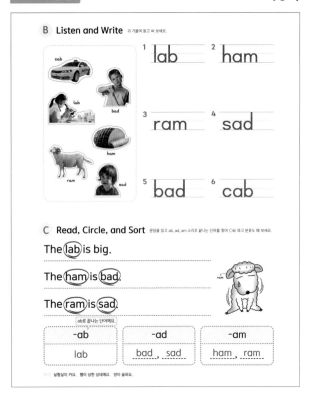

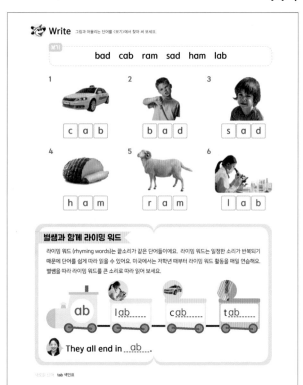

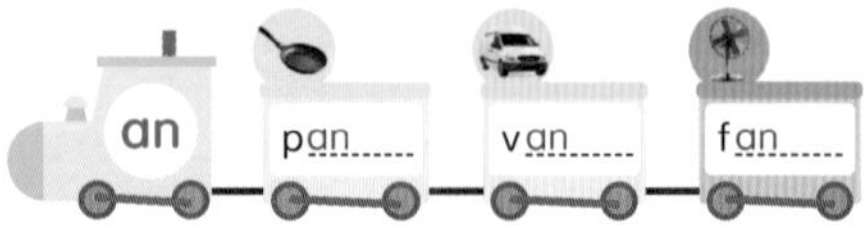

an — pan — van — fan

They all end in an.

새로운 단어 fan 선풍기

unit 03

B Listen and Write 귀 기울여 듣고 써 보세요.

1 red 2 pen

3 bed 4 net

5 jet 6 ten

C Read, Circle, and Sort 문장을 읽고 ed, en, et 소리로 끝나는 단어를 찾아 O표 하고 분류도 해 보세요.

I have a (red) (bed).

I have (ten) (pens).

I have a (net).

별쌤의 한마디!
'pen' 단어 뒤에는 왜 s가 붙어 있을까요? pen과 같이 물건을 의미하는 단어가 두 개 이상일 때는 그 단어 뒤에 s나 es를 붙여요. 여기서는 펜이 10개 있어서 ten pens가 된 거예요.

-ed	-en	-et
red, bed	ten, pens	net

해석 나는 빨간 침대를 가지고 있어요. 나는 펜을 10개 가지고 있어요. 나는 그물을 가지고 있어요.

Circle 그림과 끝소리가 같은 단어를 찾아 O표 해 보세요.

1 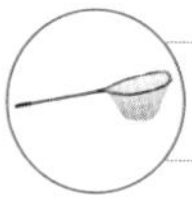

ten	(jet)	pan	lab

2 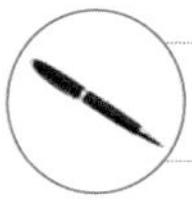

mat	ram	nap	(ten)

3 

ham	van	(bed)	cab

별쌤과 함께 라이밍 워드

ed로 끝나는 단어들을 배워 봐요. 별쌤이 읽어 주는 소리를 잘 듣고 빈칸을 채워 보세요.

ed | bed | red | Ted

They all end in ed.

새로운 단어 Ted 테드(남자 이름)

unit 04

B Listen and Write 귀 기울여 듣고 써 보세요.

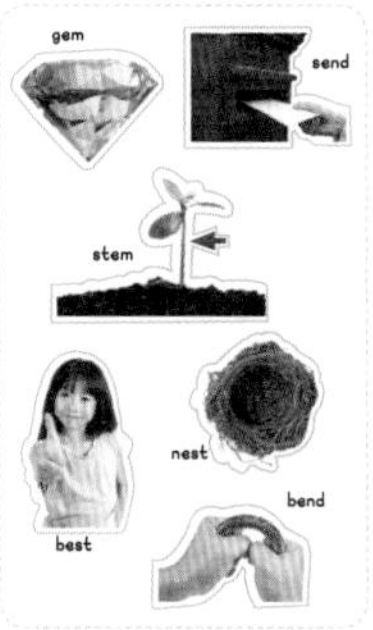

1 gem 2 best

3 send 4 stem

5 bend 6 nest

C Read, Circle, and Sort 문장을 읽고 em, est 소리로 끝나는 단어를 찾아 O표 하고 분류도 해 보세요.

Point to the (gem).

Point to the (stem).

Point to the (nest).

별쌤의 한마디!
'Point to ~'는 어떤 물건을 손으로 가리킬 때 쓰는 표현이에요. 선생님과 함께 어떤 물건을 찾아 볼까요? 선생님이 "Point to the gem."과 같이 말하면 손가락으로 gem(보석)을 가리키면 돼요.

-em	-est
gem, stem	nest

해석 보석을 (손으로) 가리켜 봐요. (식물) 줄기를 (손으로) 가리켜 봐요. 둥지를 (손으로) 가리켜 봐요.

Circle and Write 그림과 어울리는 단어에 ○표 하고 빈칸에 단어를 써 보세요.

1 
(stem) star
stem

2 
(bend) bus
bend

3 
bed (best)
best

4 
ham (gem)
gem

5 
(nest) net
nest

6 
sad (send)
send

별쌤과 함께 라이밍 워드

em으로 끝나는 단어들을 배워 봐요. 별쌤이 읽어 주는 소리를 잘 듣고 빈칸을 채워 보세요.

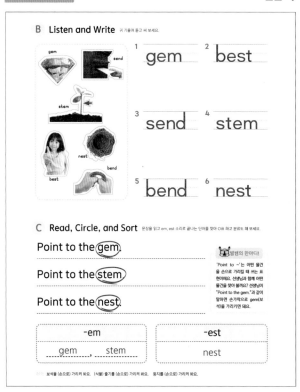

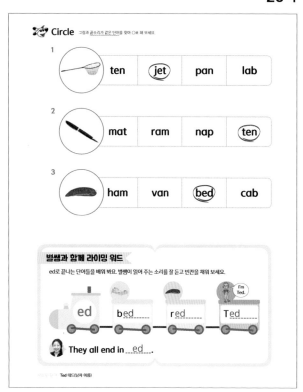

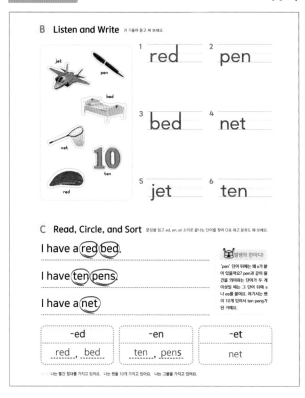

em | gem | stem | hem

They all end in em.

새로운 단어 hem (옷의) 단

unit 05

25쪽

B Listen and Write 귀 기울여 듣고 써 보세요.

1 bib 2 kid

3 lid 4 rib

5 pig 6 dig

C Read, Circle, and Sort 문장을 읽고 ib, id, ig 소리로 끝나는 단어를 찾아 ○표 하고 분류도 해 보세요.

Here is the (bib).

Here is the (kid).

Here is the (pig).

> 별쌤의 한마디!
> 'Here is ~'는 어떤 것을 건네줄 때 사용하는 표현이에요. "Here is the bib."(여기에 턱받이가 있어요.)라고 말할 수 있어요.

-ib	-id	-ig
bib	kid	pig

해석 여기에 턱받이가 있어요. 여기에 아이가 있어요. 여기에 돼지가 있어요.

26쪽

Write 그림과 어울리는 단어를 <보기>에서 찾아 써 보세요.

보기 kid pig bib lid rib dig

1 b i b 2 k i d 3 r i b

4 p i g 5 l i d 6 d i g

별쌤과 함께 라이밍 워드

ig으로 끝나는 단어들을 배워 봐요. 별쌤이 읽어 주는 소리를 잘 듣고 빈칸을 채워 보세요.

They all end in ig.

새로운 단어 wig 가발

unit 06

28쪽

B Listen and Write 귀 기울여 듣고 써 보세요.

1 bin 2 hip

3 hit 4 lip

5 sit 6 fin

C Read, Circle, and Sort 문장을 읽고 in, ip, it 소리로 끝나는 단어를 찾아 ○표 하고 분류도 해 보세요.

Can you touch the (fin)?

Can you point to your (lip)?

Can you (hit) the baseball?

> 별쌤의 한마디!
> 'Can you ~?'는 '~할 수 있나요?'라는 뜻으로 일상생활 속에서 많이 쓰이는 표현이에요. Can you 뒤에는 'Can you touch/point to/hit ~?'처럼 할 수 있는 행동과 관련된 단어가 나와요.

-in	-ip	-it
fin	lip	hit

해석 지느러미를 만질 수 있나요? 네 입술을 가리킬 수 있나요? 야구공을 칠 수 있나요?

29쪽

Connect and Write 소리를 듣고 글자를 이어서 단어를 만들어 써 보세요.

1

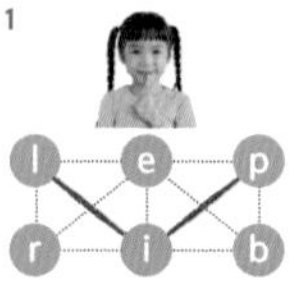

lip

2

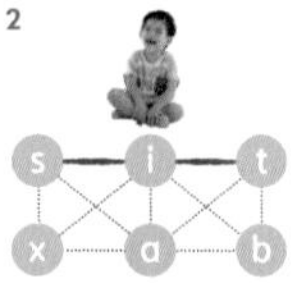

sit

3

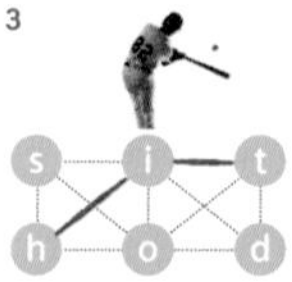

hit

4

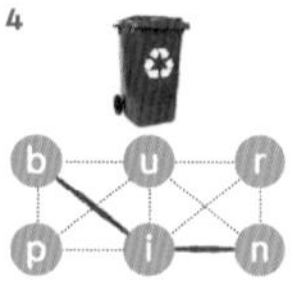

bin

별쌤과 함께 라이밍 워드

ip으로 끝나는 단어들을 배워 봐요. 별쌤이 읽어 주는 소리를 잘 듣고 빈칸을 채워 보세요.

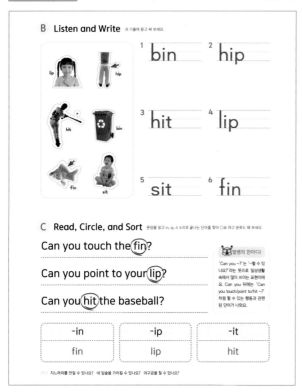

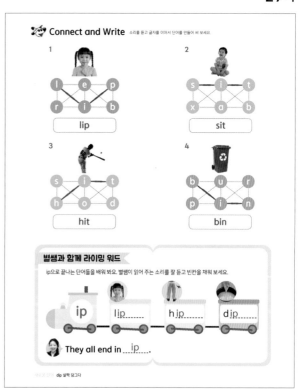

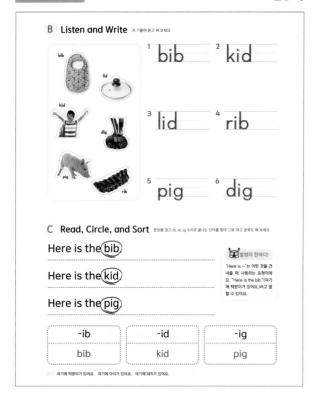

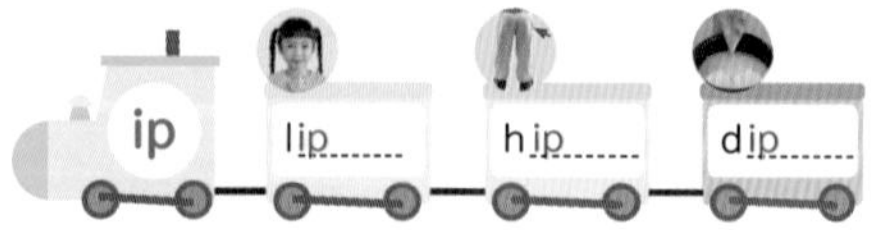

They all end in ip.

새로운 단어 dip 살짝 담그다

unit 07

31쪽

B Listen and Write 귀 기울여 듣고 써 보세요.

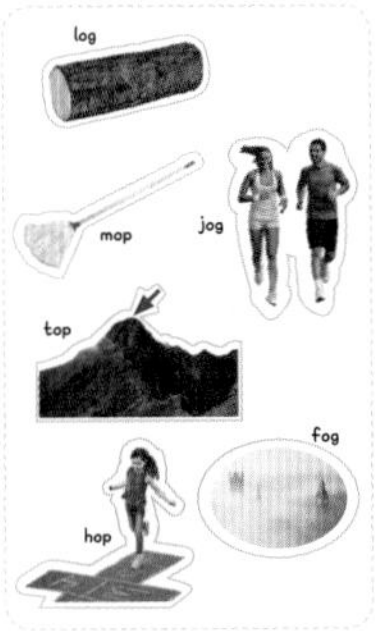

1 mop 2 log

3 top 4 jog

5 fog 6 hop

C Read, Circle, and Sort 문장을 읽고 op, og 소리로 끝나는 단어를 찾아 ○표 하고 분류도 해 보세요.

Can you see the mop?

Can you see the top?

Can you see the log?

별쌤의 한마디!

'Can you see ~?'는 '~이 보이나요?'라는 뜻이에요. 물어보는 문장일 때는 마지막 단어를 살짝 올려서 말하는 것이 좋아요.

-op	-og
mop, top	log

대걸레가 보이나요? 꼭대기가 보이나요? 통나무가 보이나요?

32쪽

Circle 그림과 끝소리가 같은 단어를 찾아 ○표 해 보세요.

1 

ant	fog	hip	top

2 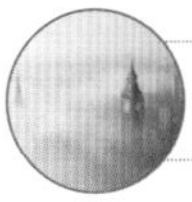

log	bed	hop	nap

3 

top	gem	bed	fog

별쌤과 함께 라이밍 워드

op으로 끝나는 단어들을 배워 봐요. 별쌤이 읽어 주는 소리를 잘 듣고 빈칸을 채워 보세요.

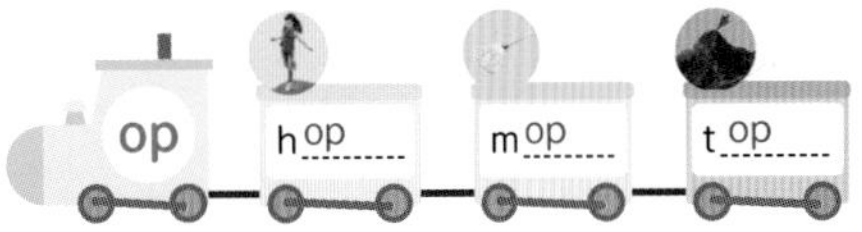

op

h op

m op

t op

They all end in op.

unit 08

34쪽

B Listen and Write 귀 기울여 듣고 써 보세요.

1 dot 2 box

3 pot 4 hot

5 ox 6 fox

C Read, Circle, and Sort 문장을 읽고 ox, ot 소리로 끝나는 단어를 찾아 ○표 하고 분류도 해 보세요.

Where is the box?

Where is the fox?

Where is the pot?

별쌤의 한마디!

'Where is ~?'는 '~는 어디에 있나요?'라는 뜻으로 물건이나 사람 또는 동물의 위치를 물어볼 때 쓰이는 표현이에요.

-ox	-ot
box, fox	pot

상자가 어디에 있어요? 여우는 어디에 있어요? 냄비는 어디에 있어요?

35쪽

Circle and Write 그림과 어울리는 단어에 ○표 하고 빈칸에 단어를 써 보세요.

1 

pot | pet

pot

2 

box | ball

box

3 

box | ox

ox

4 

dad | dot

dot

5 

fish | fox

fox

6 

hot | hat

hot

별쌤과 함께 라이밍 워드

ot로 끝나는 단어들을 배워 봐요. 별쌤이 읽어 주는 소리를 잘 듣고 빈칸을 채워 보세요.

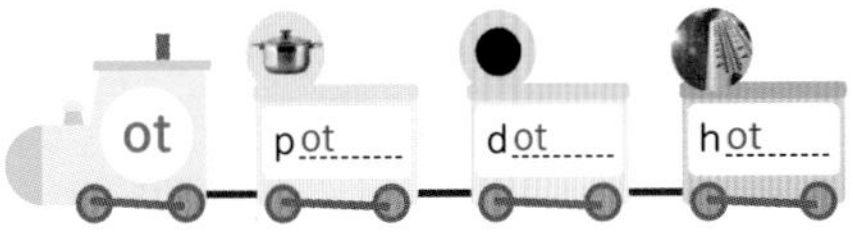

ot

p ot

d ot

h ot

They all end in ot.

unit 09

37쪽

B Listen and Write 귀 기울여 듣고 써 보세요.

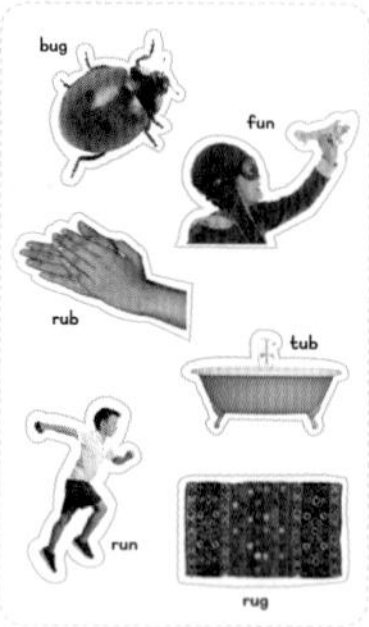

1 fun　2 rub

3 run　4 tub

5 rug　6 bug

C Read, Circle, and Sort 문장을 읽고 ub, ug 소리로 끝나는 단어를 찾아 ○표 하고 분류도 해 보세요.

Can you see the (tub)?

Can you see the (bug)?

Can you see the (rug)?

-ub	-ug
tub	bug, rug

해석 욕조가 보이나요? 벌레가 보이나요? (작은) 카펫이 보이나요?

38쪽

Write 그림에 어울리는 단어를 <보기>에서 찾아 써 보세요.

보기: tub bug run rub rug fun

1  r u b

2  b u g

3 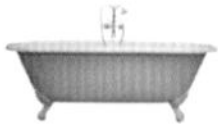 t u b

4 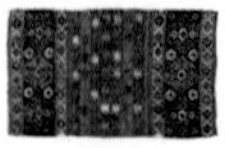 r u g

5  r u n

6  f u n

별쌤과 함께 라이밍 워드

ug로 끝나는 단어들을 배워 봐요. 별쌤이 읽어 주는 소리를 잘 듣고 빈칸을 채워 보세요.

They all end in ug.

새로운 단어 hug (사람을) 껴안다

unit 10

40쪽

B Listen and Write 귀 기울여 듣고 써 보세요.

1 nut　2 jump

3 cup　4 hump

5 pup　6 cut

C Read, Circle, and Sort 문장을 읽고 ut, up 소리로 끝나는 단어를 찾아 ○표 하고 분류도 해 보세요.

Can you hold the (nut)?

Can you hold the (cup)?

Can you hold the (pup)?

별쌤의 한마디!
'Can you hold the ~?'는 '~를 들어 줄 수 있나요?'라는 뜻이에요. 친구들 또는 부모님과 함께 이 표현을 활용해 이야기를 나누어 보세요.

-ut	-up
nut	cup, pup

해석 견과를 들고 있어 줄 수 있나요? 컵을 들고 있어 줄 수 있나요? 강아지를 들고 있어 줄 수 있나요?

41쪽

Circle and Write 그림과 어울리는 단어에 ○표 하고 빈칸에 단어를 써 보세요.

1  (jump) stem — jump

2  cut (nut) — nut

3  (hump) gum — hump

4  (pup) pig — pup

5  (cup) car — cup

6  cat (cut) — cut

별쌤과 함께 라이밍 워드

ut로 끝나는 단어들을 배워 봐요. 별쌤이 읽어 주는 소리를 잘 듣고 빈칸을 채워 보세요.

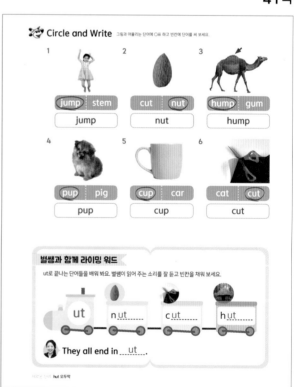

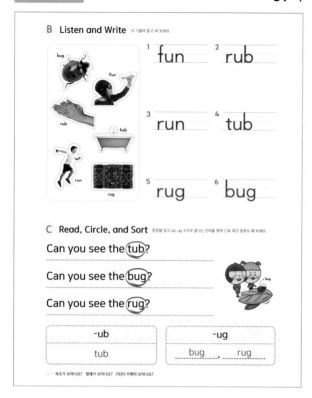

They all end in ut.

새로운 단어 hut 오두막

unit 11

42쪽

unit 11 단모음을 모아서 연습해요

unit 11 듣기

A Listen and Write 듣고 알맞은 글자를 찾아 ○표 하고 단어를 완성하세요.

1. (am) an — ham
2. im (in) — fin
3. ot (ox) — fox
4. (ed) et — bed

B Listen and Circle 듣고 알맞은 단어에 ○표 하세요.

1. bib (bad)
2. red (rib)
3. (map) mop
4. pup (pot)

43쪽

C Listen and Match 듣고 그림과 어울리는 단어를 선으로 이으세요.

1. — pan
2. — bug
3. — hip
4. — log

(Word cards: bug, pan, log, hip)

D Listen and Write 듣고 알파벳 카드를 조합해 단어를 쓰세요.

1. a d s — s a d
2. b t u — t u b
3. t m e s — s t e m
4. h p u m — h u m p

44쪽

Circle and Read 그림과 어울리는 단어에 ○표 하고 문장을 읽으세요.

1. I have a (net) / bed.
2. Here is the kid / (bib).
3. The (ram) / ham is sad.
4. Point to the stem / (nest).
5. The map / (mat) is red.

unit 12

47쪽

B Listen and Write 귀 기울여 듣고 써 보세요.

1. day
2. t ai l
3. play
4. m ai l
5. gray
6. r ai n

C Read, Circle, and Sort 문장을 읽고 ay, ai 소리가 나는 단어를 찾아 ○표 하고 분류도 해 보세요.

Can we (play)?

Can we (play) all (day)?

Can we (play) in the (rain)?

별쌤의 한마디! day는 생활 속에서 다양하게 쓰이고 있어요. Monday, Tuesday, Wednesday처럼 '요일'을 말할 때도 쓰이고 day and night처럼 '낮'과 밤을 가리킬 때도 쓰여요. 그리고 '하루 종일'을 나타내는 all day처럼 '하루'를 나타내기도 해요.

ai가 중간에 들어가는 단어예요.

-ay	-ai-
play, day	rain

해석 우리 놀 수 있어요? 우리 하루 종일 놀 수 있어요? 우리 빗속에서 놀 수 있어요?

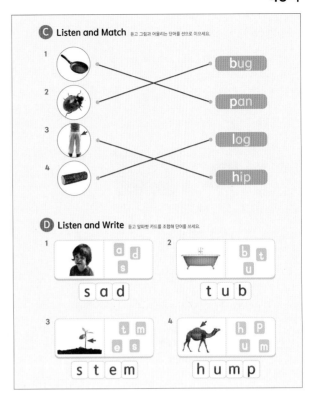

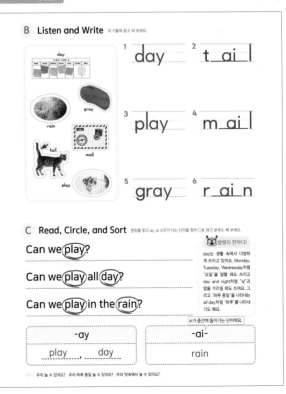

48쪽

Write 그림과 어울리는 단어를 <보기>에서 찾아 써 보세요.

보기: tail day rain gray play mail

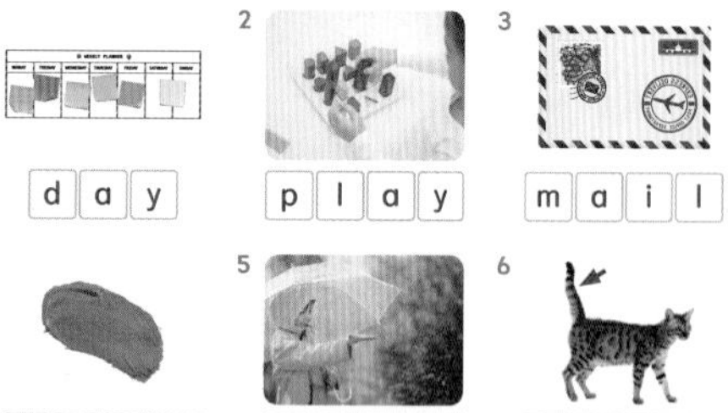

1 d a y 2 p l a y 3 m a i l

4 g r a y 5 r a i n 6 t a i l

별쌤과 함께 라이밍 워드

ay로 끝나는 단어들을 배워 봐요. 별쌤이 읽어 주는 소리를 잘 듣고 빈칸을 채워 보세요.

ay — d ay — pl ay — gr ay

They all end in ay.

unit 13 — 50쪽

B Listen and Write 귀 기울여 듣고 써 보세요.

1 cake 2 cape

3 game 4 name

5 tape 6 lake

C Read, Circle, and Sort 문장을 읽고 ake, ame, ape 소리로 끝나는 단어를 찾아 ○표 하고 분류도 해 보세요.

Let's eat the (cake).

Let's play the (game).

Let's wear the (cape).

> 별쌤의 한마디!
> 'Let's ~'는 상대방에게 '~하자'라고 제안할 때 쓰는 표현으로, Let's 뒤에는 eat(먹다), play(놀다), wear(입다)처럼 상대방에게 제안하고자 하는 내용이 나와요.

-ake	-ame	-ape
cake	game	cape

해석 (우리) 케이크를 먹자. (우리) 게임을 하자. (우리) 망토를 입자.

51쪽

Circle and Write 그림과 어울리는 단어에 ○표 하고 빈칸에 단어를 써 보세요.

1 cat (cake) — cake 2 girl (game) — game 3 (cape) car — cape

4 (lake) left — lake 5 nose (name) — name 6 (tape) table — tape

별쌤과 함께 라이밍 워드

ake로 끝나는 단어들을 배워 봐요. 별쌤이 읽어 주는 소리를 잘 듣고 빈칸을 채워 보세요.

ake — c ake — l ake — b ake

They all end in ake.

bake (빵을) 굽다

unit 14 — 53쪽

B Listen and Write 귀 기울여 듣고 써 보세요.

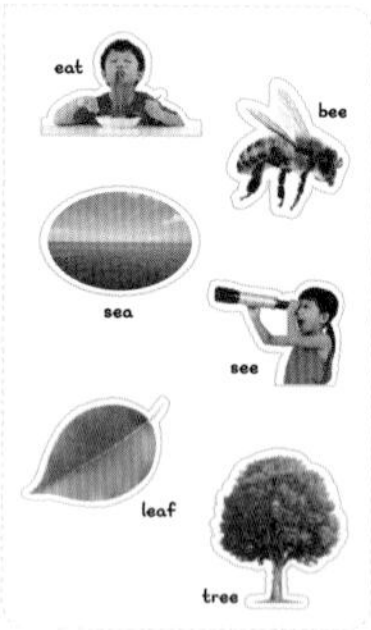

1 see 2 sea

3 bee 4 eat

5 tree 6 l ea f

C Read, Circle, and Sort 문장을 읽고 ee, ea 소리가 나는 단어를 찾아 ○표 하고 분류도 해 보세요.

I (see) the (bee).

I (see) the (sea).

I (see) the (leaf).

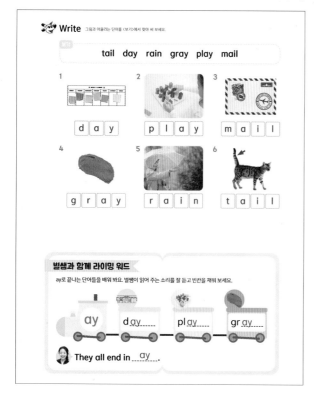

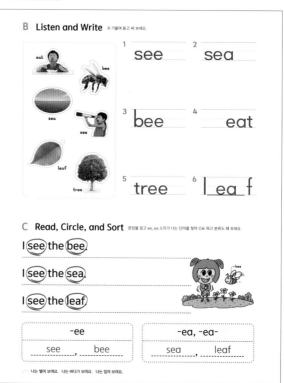

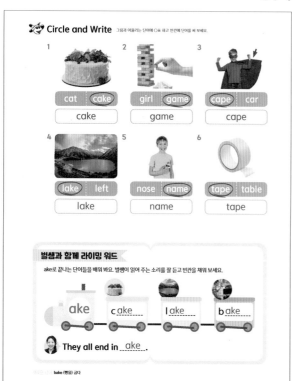

-ee	-ea, -ea-
see, bee	sea, leaf

해석 나는 벌이 보여요. 나는 바다가 보여요. 나는 잎이 보여요.

54쪽

Write 그림과 어울리는 단어를 <보기>에서 찾아 써 보세요.

보기: bee sea eat see tree leaf

1 l e a f　　2 s e a　　3 t r e e

4 s e e　　5 b e e　　6 e a t

별쌤과 함께 라이밍 워드

ee로 끝나는 단어들을 배워 봐요. 별쌤이 읽어 주는 소리를 잘 듣고 빈칸을 채워 보세요.

They all end in ee.

unit 15 　56쪽

B Listen and Write 귀 기울여 듣고 써 보세요.

1 pie　　2 cry
3 dry　　4 sky
5 lie　　6 tie

C Read, Circle, and Sort 문장을 읽고 ie, y 소리로 끝나는 단어를 찾아 O표 하고 분류도 해 보세요.

Don't (lie).

Don't (cry).

Don't touch the (pie).

-ie	-y
lie, pie	cry

해석 거짓말하지 마세요. 울지 마세요. 파이를 만지지 마세요.

57쪽

Connect and Write 소리를 듣고 글자를 이어서 단어를 만들어 써 보세요.

1
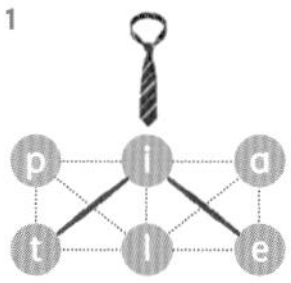

tie

2
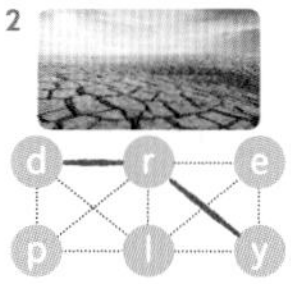

dry

3
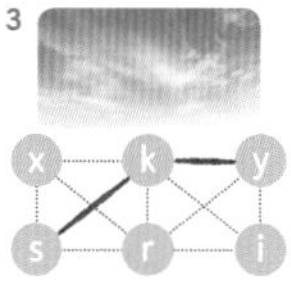

sky

4
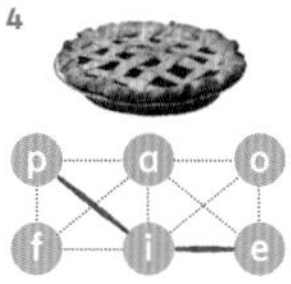

pie

별쌤과 함께 라이밍 워드

ie로 끝나는 단어들을 배워 봐요. 별쌤이 읽어 주는 소리를 잘 듣고 빈칸을 채워 보세요.

They all end in ie.

unit 16 　59쪽

B Listen and Write 귀 기울여 듣고 써 보세요.

1 five　　2 time
3 bike　　4 lime
5 hike　　6 dive

C Read, Circle, and Sort 문장을 읽고 ike, ive, ime 소리로 끝나는 단어를 찾아 ○표 하고 분류도 해 보세요.

I can (hike).

I can (dive).

I can eat the (lime).

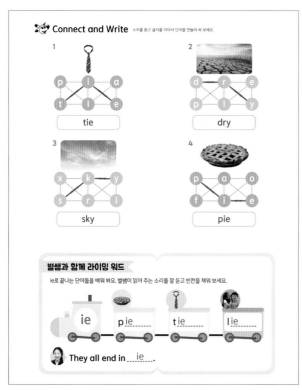

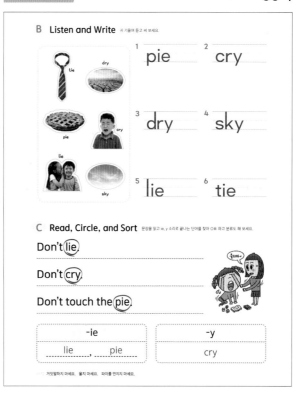

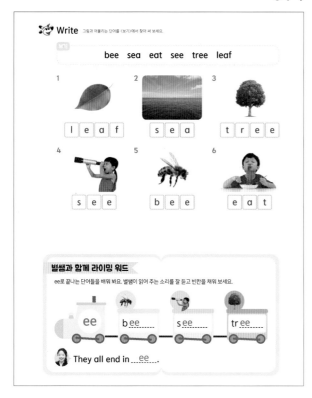

-ike	-ive	-ime
hike	dive	lime

해석 나는 하이킹을 할 수 있어요. 나는 다이빙을 할 수 있어요. 나는 라임을 먹을 수 있어요.

60쪽

63쪽

unit 17

62쪽

unit 18

65쪽

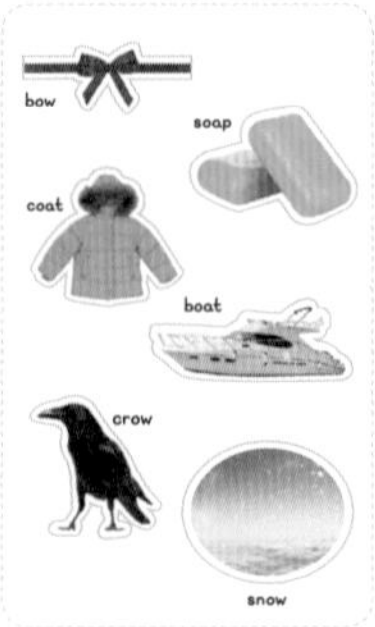

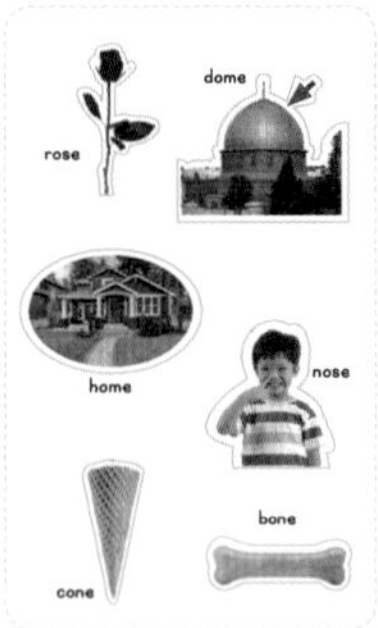

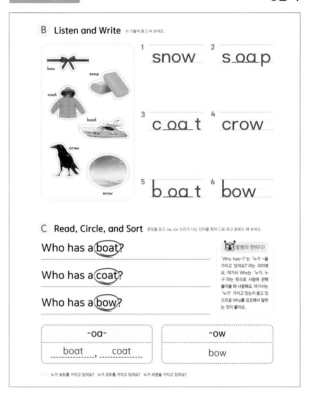

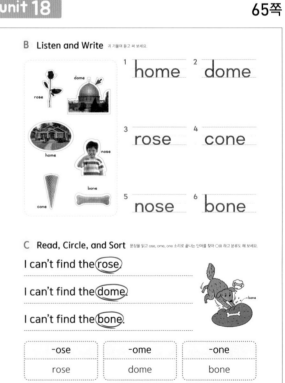

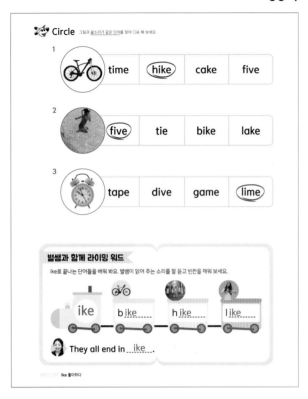

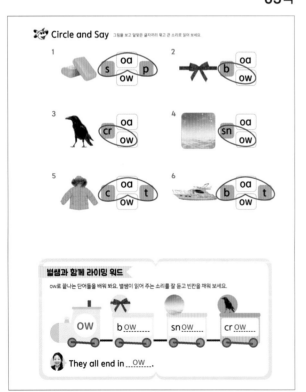

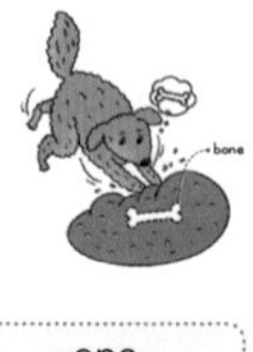

66쪽

Write 그림과 어울리는 단어를 <보기>에서 찾아 써 보세요.

보기 rose nose home dome bone cone

1 b o n e
2 n o s e
3 h o m e
4 d o m e
5 c o n e
6 r o s e

별쌤과 함께 라이밍 워드

one으로 끝나는 단어들을 배워 봐요. 별쌤이 읽어 주는 소리를 잘 듣고 빈칸을 채워 보세요.

one b one c one z one

They all end in one.

새로운 단어 zone 구역

unit 19

68쪽

B Listen and Write 귀 기울여 듣고 써 보세요.

mute glue tube cube cute blue

1 glue
2 mute
3 tube
4 cute
5 cube
6 blue

C Read, Circle, and Sort 문장을 읽고 ube, ue 소리로 끝나는 단어를 찾아 ○표 하고 분류도 해 보세요.

This is a (cube).

This is a (tube).

This is a (glue).

-ube	-ue
cube, tube	glue

해석 이것은 큐브예요. 이것은 튜브예요. 이것은 풀이에요.

69쪽

Circle 그림과 끝소리가 같은 단어를 찾아 ○표 해 보세요.

1 blue cube (cute) cone
2 glue crow bike (tube)
3 mute cake (glue) play

별쌤과 함께 라이밍 워드

ue로 끝나는 단어들을 배워 봐요. 별쌤이 읽어 주는 소리를 잘 듣고 빈칸을 채워 보세요.

ue gl ue bl ue cl ue

They all end in ue.

새로운 단어 clue 단서

unit 20

70쪽

unit 20 장모음을 모아서 연습해요

unit 20 듣기

A Listen and Write 듣고 알맞은 글자를 찾아 ○표 하고 단어를 완성하세요.

1 (ee) ay — see
2 (ake) ape — cake
3 ute (ube) — cube
4 (ive) ime — five

B Listen and Circle 듣고 알맞은 단어에 ○표 하세요.

1 (bike) boat
2 (tail) tie
3 gray (glue)
4 nose (name)

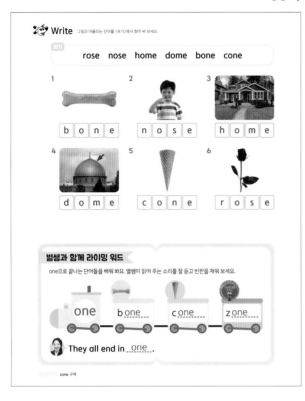

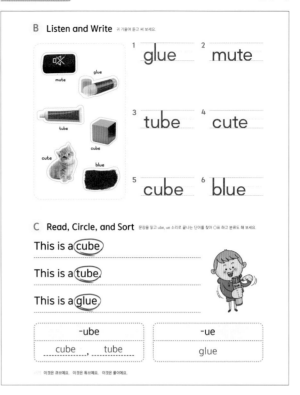

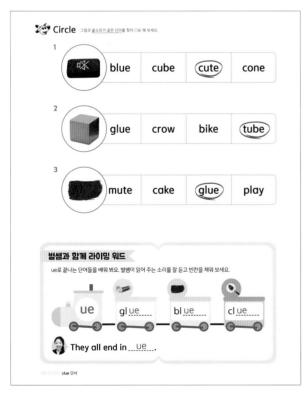

C Listen and Match 듣고 그림과 어울리는 단어를 선으로 이으세요.

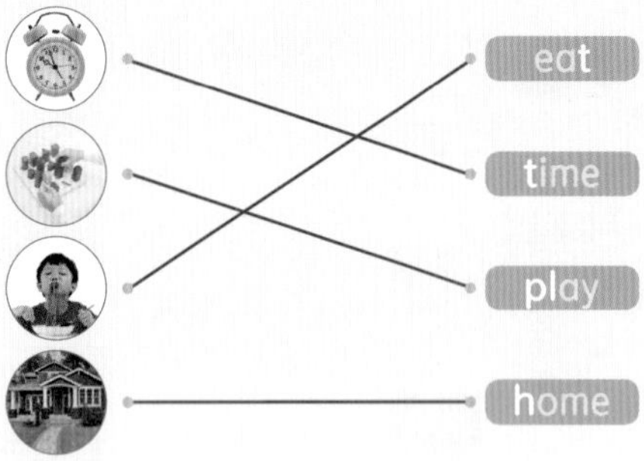

1 — time
2 — play
3 — eat
4 — home

D Listen and Write 듣고 알파벳 카드를 조합해 단어를 쓰세요.

1 c o n e
2 b l u e
3 b o w
4 r a i n

Circle and Read 그림과 어울리는 단어에 ○표 하고 문장을 읽으세요.

1 This is a (glue) .

2 Don't (cry) .

3 I can't find the (bone) .

4 I can (hike) .

5 I see the (bee) .

---

unit 21

B Listen and Write 귀 기울여 듣고 써 보세요.

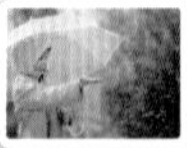

1 fly 2 clip
3 block 4 flag
5 class 6 black

C Read, Circle, and Sort 문장을 읽고 bl, cl, fl 소리로 시작하는 단어를 찾아 ○표 하고 분류도 해 보세요.

Where is my (block)?

Where is my (class)?

Where is my (flag)?

비로 시작하는 단어예요		
bl-	cl-	fl-
block	class	flag

내 블록은 어디에 있나요? 내 교실은 어디에 있나요? 내 깃발은 어디에 있나요?

Write 그림과 어울리는 단어를 <보기>에서 찾아 써 보세요.

보기 fly class block flag clip black

1 c l i p
2 b l a c k
3 f l a g
4 c l a s s
5 f l y
6 b l o c k

별쌤과 함께 라이밍 워드

ock[악]으로 끝나는 단어들을 배워 봐요. 별쌤이 읽어 주는 소리를 잘 듣고 빈칸을 채워 보세요.

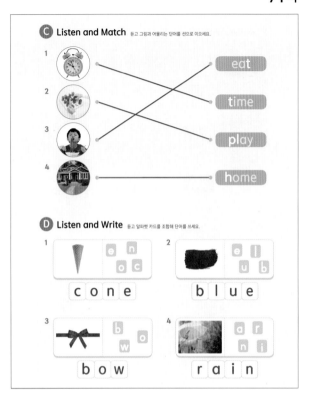

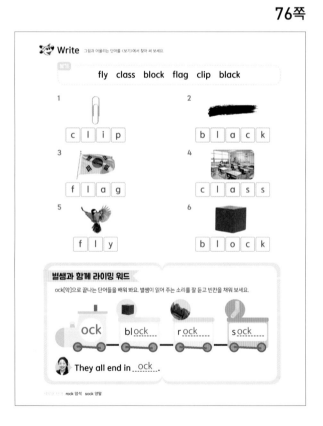

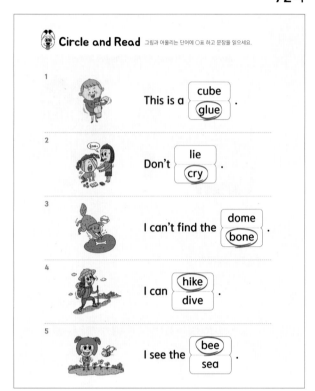

ock bl ock r ock s ock

They all end in ock .

rock 암석 sock 양말

---

unit 22

78쪽

B Listen and Write 귀 기울여 듣고 써 보세요.

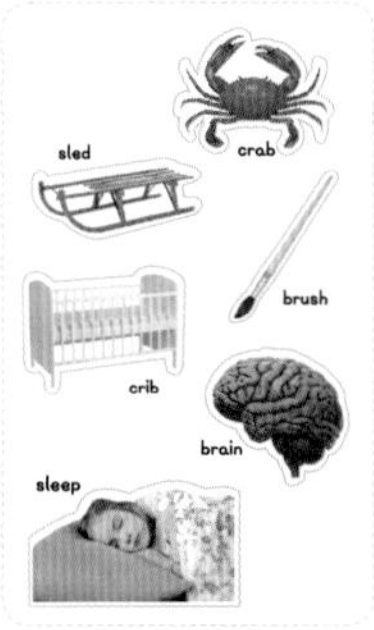

1 brush 2 brain

3 crib 4 sled

5 sleep 6 crab

C Read, Circle, and Sort 문장을 읽고 sl, br, cr 소리로 시작하는 단어를 찾아 ○표 하고 분류도 해 보세요.

Where is the (sled)?

Where is the (brush)?

Where is the (crib)?

sl-	br-	cr-
sled	brush	crib

썰매가 어디에 있어요? 붓이 어디에 있어요? 유아용 침대는 어디에 있어요?

79쪽

Listen and Match 단어를 듣고 그림과 어울리는 단어를 선으로 이으세요.

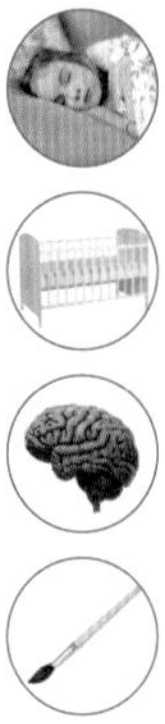

1 — sleep
2 — crib
3 — brain
4 — brush

(brush / sleep / brain / crib)

별쌤과 함께 라이밍 워드

eep[잎]으로 끝나는 단어들을 배워 봐요. 별쌤이 읽어 주는 소리를 잘 듣고 빈칸을 채워 보세요.

eep — sl eep — sh eep — b eep

They all end in eep.

sheep 양 beep (자동차 경적에서 나는) 삐 소리

unit 23

81쪽

B Listen and Write 귀 기울여 듣고 써 보세요.

1 drum 2 print

3 grape 4 dress

5 grass 6 pray

C Read, Circle, and Sort 문장을 읽고 dr, gr, pr 소리로 시작하는 단어를 찾아 ○표 하고 분류도 해 보세요.

I can play the (drum).

I can eat the (grapes).

I can (pray).

별쌤의 한마디!
'I can ~'은 '~할 수 있다'라는 뜻으로 can 뒤에는 play(연주하다), eat(먹다), pray(기도하다)처럼 자신이 할 수 있는 것을 말하면 돼요.

dr-	gr-	pr-
drum	grapes	pray

나는 드럼을 칠 수 있어요. 나는 포도를 먹을 수 있어요. 나는 기도할 수 있어요.

82쪽

Listen, Circle, and Write 소리를 듣고 알맞은 글자를 찾아 ○표 하고 단어를 완성하세요.

1 dr gr (pr) — print
2 (dr) gr pr — drum
3 dr (gr) pr — grape

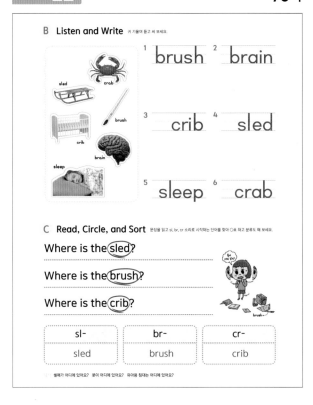

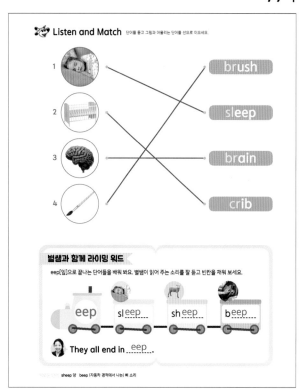

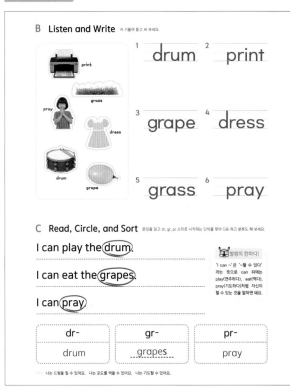

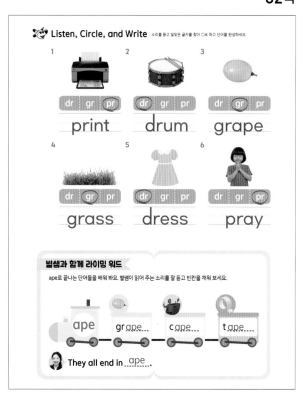

4 dr (gr) pr — grass
5 (dr) gr pr — dress
6 dr gr (pr) — pray

별쌤과 함께 라이밍 워드

ape로 끝나는 단어들을 배워 봐요. 별쌤이 읽어 주는 소리를 잘 듣고 빈칸을 채워 보세요.

ape — gr ape — c ape — t ape

They all end in ape.

unit 24

84쪽

B Listen and Write 귀 기울여 듣고 써 보세요.

1 smell 2 train

3 skate 4 smog

5 trash 6 skunk

C Read, Circle, and Sort 문장을 읽고 sm, tr, sk 소리로 시작하는 단어를 찾아 O표 하고 분류도 해 보세요.

I can (smell).

I can (smell) the (trash).

I can (smell) the (skunk).

sm-	tr-	sk-
smell	trash	skunk

해석 나는 냄새를 맡을 수 있어요. 나는 쓰레기 냄새를 맡을 수 있어요. 나는 스컹크 냄새를 맡을 수 있어요.

85쪽

Write 그림과 어울리는 단어를 <보기>에서 찾아 써 보세요.

보기 smog trash train smell skate skunk

1 
t r a i n

2 
s k a t e

3 
t r a s h

4 
s m e l l

5 
s k u n k

6 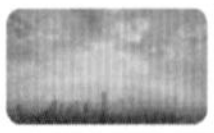
s m o g

별쌤과 함께 라이밍 워드

ell[엘]로 끝나는 단어들을 배워 봐요. 별쌤이 읽어 주는 소리를 잘 듣고 빈칸을 채워 보세요.

They all end in ell.

새로운 단어 bell 종 well 우물

unit 25

87쪽

B Listen and Write 귀 기울여 듣고 써 보세요.

1 stamp 2 sweet

3 stop 4 snack

5 snail 6 swim

C Read, Circle, and Sort 문장을 읽고 sn, st 소리로 시작하는 단어를 찾아 ○표 하고 분류도 해 보세요.

Please, (stop)!

Please, (stop) eating my (snack)!

Please, (stop) touching my (stamp)!

별쌤의 한마디! 다른 사람에게 정중하게 부탁할 때에는 문장 맨 앞이나 뒤에 'please'를 덧붙입니다. 또한 강력하게 요청할 때에도 사용할 수 있어요.

sn-	st-
snack	stop, stamp

해석 제발, 그만해요! 제발, 내 간식을 먹지 마세요! 제발, 내 도장을 만지지 마세요!

88쪽

Listen, Circle, and Write 소리를 듣고 알맞은 글자를 찾아 ○표 하고 단어를 완성하세요.

1 
sn st (sw)
swim

2 
sn (st) sw
stamp

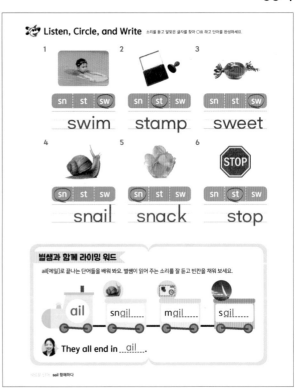

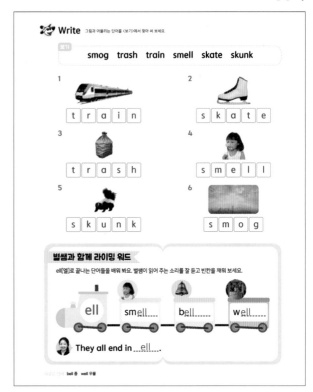

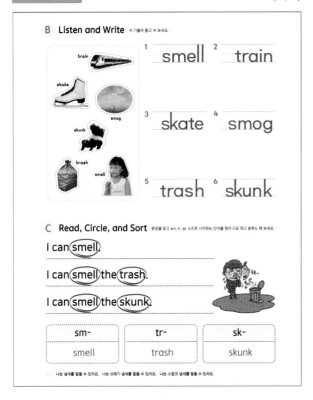

3 
sn st (sw)
sweet

4 
(sn) st sw
snail

5 
(sn) st sw
snack

6 

sn (st) sw
stop

별쌤과 함께 라이밍 워드

ail[에일]로 끝나는 단어들을 배워 봐요. 별쌤이 읽어 주는 소리를 잘 듣고 빈칸을 채워 보세요.

They all end in ail.

새로운 단어 sail 항해하다

unit 26

90쪽

B Listen and Write 귀 기울여 듣고 써 보세요.

1 chat 2 shell

3 chin 4 sing

5 ship 6 long

C Read, Circle, and Sort 문장을 읽고 ch, sh, ng 소리가 나는 단어를 찾아 ○표 하고 분류도 해 보세요.

Let's (chat)!

Let's look for a (shell)!

Let's (sing)!

ch-	sh-	-ng
chat	shell	sing

해석 (우리) 이야기를 하자! (우리) 조개를 찾아보자! (우리) 노래를 부르자!

91쪽

Listen and Match 단어를 듣고 그림과 어울리는 단어를 선으로 이으세요.

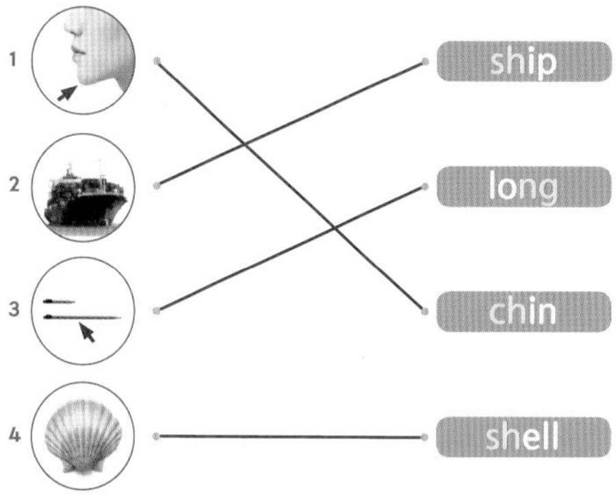

1 – chin
2 – ship
3 – long
4 – shell

별쌤과 함께 라이밍 워드

ing[잉]으로 끝나는 단어들을 배워 봐요. 별쌤이 읽어 주는 소리를 잘 듣고 빈칸을 채워 보세요.

ing: s ing, r ing, k ing

They all end in ing.

새로운 단어 ring 반지 king 왕

unit 27

93쪽

B Listen and Write 귀 기울여 듣고 써 보세요.

1 this 2 whale

3 that 4 wheel

5 three 6 think

C Read, Circle, and Sort 문장을 읽고 wh, th 소리로 시작하는 단어를 찾아 ○표 하고 분류도 해 보세요.

(This) is a (wheel).

(This) is (three).

(This) is a (whale).

wh-	th- [쓰]	th- [드]
wheel, whale	three	this(This)

해석 이것은 바퀴예요. 이것은 3이에요. 이것은 고래예요.

94쪽

Listen, Circle, and Write 소리를 듣고 알맞은 글자를 찾아 ○표 하고 단어를 완성하세요.

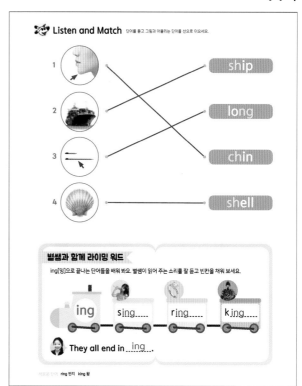

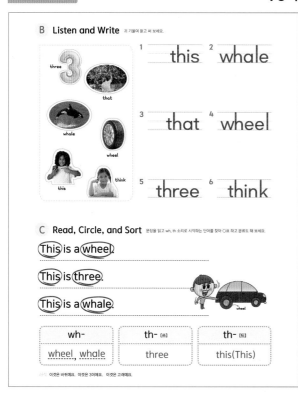

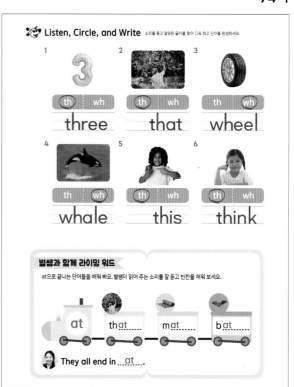

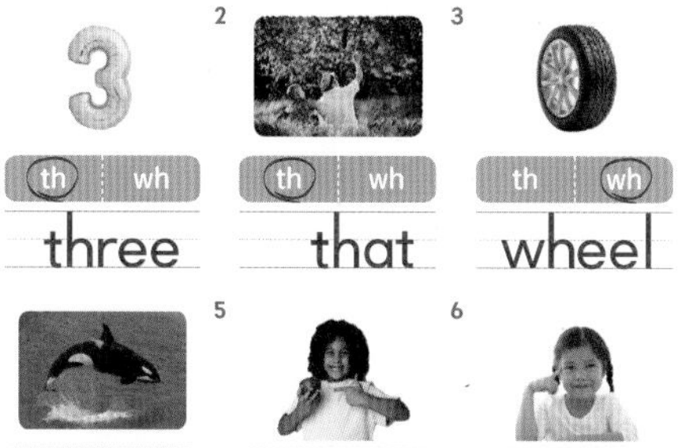

1 (th) wh — three
2 (th) wh — that
3 th (wh) — wheel
4 th (wh) — whale
5 (th) wh — this
6 (th) wh — think

별쌤과 함께 라이밍 워드

at으로 끝나는 단어들을 배워 봐요. 별쌤이 읽어 주는 소리를 잘 듣고 빈칸을 채워 보세요.

at: th at, m at, b at

They all end in at.

unit 28

95쪽

unit 28 연속자음과 이중자음을 모아서 연습해요

unit 28 듣기

A Listen and Write 듣고 알맞은 글자를 찾아 ○표 하고 단어를 완성하세요.

1. (dr) pr — dress
2. sk (sm) — smog
3. (sn) st — snack
4. sh (ch) — chin

B Listen and Circle 듣고 알맞은 단어에 ○표 하세요.

1. clip (crab)
2. (stamp) skunk
3. (flag) pray
4. class (grass)

96쪽

C Listen and Match 듣고 그림과 어울리는 단어를 선으로 이으세요.

1. sleep
2. drum
3. stop
4. train

D Listen and Write 듣고 알파벳 카드를 조합해 단어를 쓰세요.

1. s h i p
2. l o n g
3. t h r e e
4. w h a l e

97쪽

Circle and Read 그림과 어울리는 단어에 ○표 하고 문장을 읽으세요.

1. Let's chat / (sing) .
2. This is a whale / (wheel) .
3. I can smell the skunk / (trash) .
4. Where is my (block) / flag ?
5. Where is the crib / (brush) ?

unit 29

100쪽

B Listen and Write 귀 기울여 듣고 써 보세요.

boy, soil, toy, oil, joy, coin

1. oil
2. boy
3. c oi n
4. s oi l
5. joy
6. toy

C Read, Circle, and Sort 문장을 읽고 oi, oy 소리가 나는 단어를 찾아 ○표 하고 분류도 해 보세요.

The (coin) is silver.

The (oil) is yellow.

The (toy) is blue.

-oi-, oi-	-oy
coin, oil	toy

해석 동전이 은색이에요. 기름이 노란색이에요. 장난감이 파란색이에요.

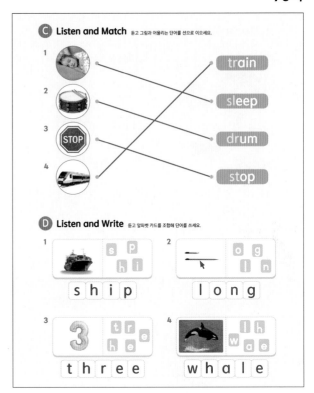

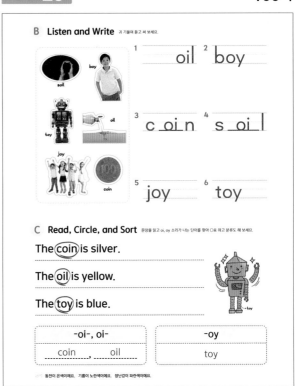

Write 그림과 어울리는 단어를 <보기>에서 찾아 써 보세요.

보기

joy coin boy soil toy oil

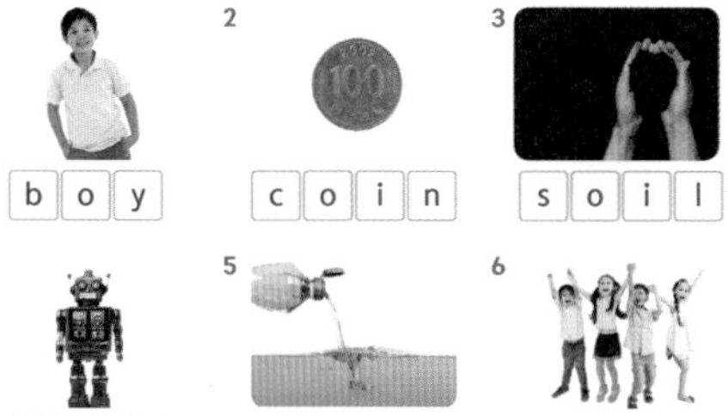

1 b o y

2 c o i n

3 s o i l

4 t o y

5 o i l

6 j o y

별쌤과 함께 라이밍 워드

oil[오일]로 끝나는 단어들을 배워 봐요. 별쌤이 읽어 주는 소리를 잘 듣고 빈칸을 채워 보세요.

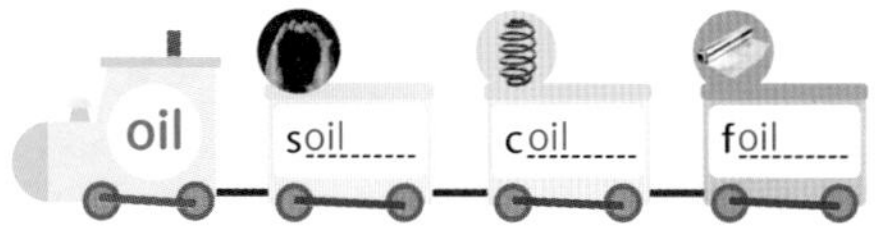

oil — soil — coil — foil

They all end in oil.

coil (여러 겹으로 감아 놓은) 고리 foil (음식물을 싸는 알루미늄) 포장지

B Listen and Write 귀 기울여 듣고 써 보세요.

1 August 2 draw

3 Paul 4 straw

5 sauce 6 saw

C Read, Circle, and Sort 문장을 읽고 au, aw 소리가 나는 단어를 찾아 O표 하고 분류도 해 보세요.

Show me the (sauce).

Show me the (saw).

Show me (August).

-au-, au-	-aw
sauce, August	saw

나에게 소스를 보여 주세요. 나에게 톱을 보여 주세요. 나에게 (1년 달력 속) 8월을 보여 주세요.

Listen and Match 단어를 듣고 그림과 어울리는 단어를 선으로 이으세요.

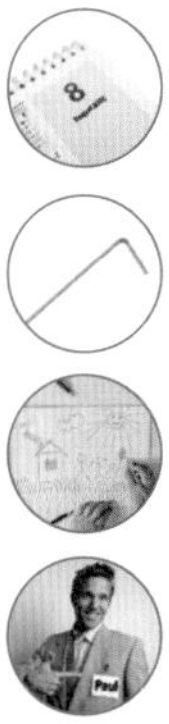

1 — August

2 — straw

3 — draw

4 — Paul

별쌤과 함께 라이밍 워드

aw로 끝나는 단어들을 배워 봐요. 별쌤이 읽어 주는 소리를 잘 듣고 빈칸을 채워 보세요.

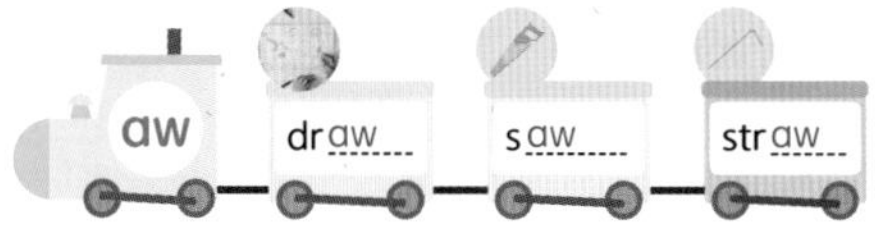

aw — draw — saw — straw

They all end in aw.

B Listen and Write 귀 기울여 듣고 써 보세요.

1 cow 2 shout

3 owl 4 loud

5 down 6 mouth

C Read, Circle, and Sort 문장을 읽고 ou, ow 소리가 나는 단어를 찾아 ○표 하고 분류도 해 보세요.

Look at the (mouth).

Look at the (cows).

Look at the (owl).

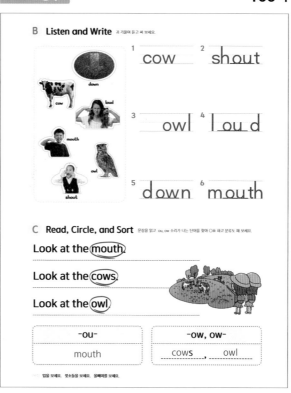

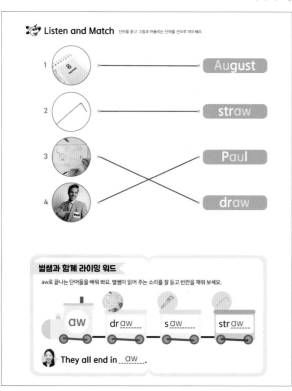

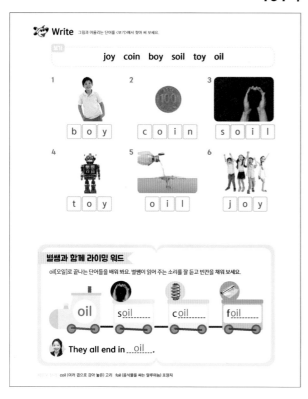

-ou-	-ow, ow-
mouth	cows, owl

입을 보세요. 젖소들을 보세요. 올빼미를 보세요.

107쪽

Circle and Say 그림과 어울리는 글자끼리 묶고 큰 소리로 읽어 보세요.

1  c ou ow (circled: c + ow)

2  l ou ow d (circled: l + ou + d)

3  m ou ow th (circled: m + ou + th)

4  ou ow l (circled: ow + l)

5  sh ou ow t (circled: sh + ou + t)

6  d ou ow n (circled: d + ow + n)

별쌤과 함께 라이밍 워드

own[아운]으로 끝나는 단어들을 배워 봐요. 빈칸을 채우고 별쌤과 함께 큰 소리로 읽어 보세요.

own d own br own g own

They all end in own.

새로운 단어 brown 갈색 gown (특별한 경우에 입는 여자의) 드레스

unit 32 109쪽

B Listen and Write 귀 기울여 듣고 써 보세요.

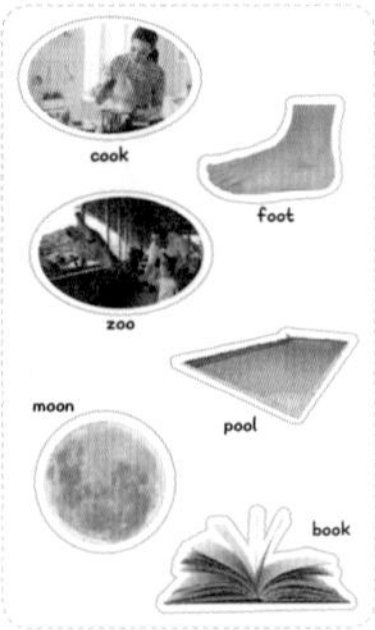

1 foot 2 pool

3 zoo 4 moon

5 cook 6 book

C Read, Circle, and Sort 문장을 읽고 oo 소리가 나는 단어를 찾아 ○표 하고 분류도 해 보세요.

Let's go to the (zoo).

Let's go to the (pool).

Let's (cook).

-oo, -oo- [우]	-oo- [으]
zoo, pool	cook

해석 (우리) 동물원에 가자. (우리) 수영장에 가자. (우리) 요리하자.

110쪽

Write 그림과 어울리는 단어를 <보기>에서 찾아 써 보세요.

보기: zoo moon pool book foot cook

1  z o o

2  f o o t

3  b o o k

4  c o o k

5  p o o l

6  m o o n

별쌤과 함께 라이밍 워드

ool[우ㄹ]로 끝나는 단어들을 배워 봐요. 별쌤이 읽어 주는 소리를 잘 듣고 빈칸을 채워 보세요.

ool p ool t ool c ool

They all end in ool.

새로운 단어 tool 도구, 공구 cool 시원한

unit 33 112쪽

B Listen and Write 귀 기울여 듣고 써 보세요.

1 fork 2 jar

3 summer 4 farm

5 sister 6 corn

C Read, Circle, and Sort 문장을 읽고 or, ar, er 소리가 나는 단어를 찾아 ○표 하고 분류도 해 보세요.

Touch the (fork).

Touch the (jar).

Touch your (summer) shoes.

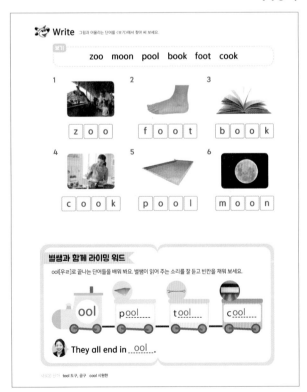

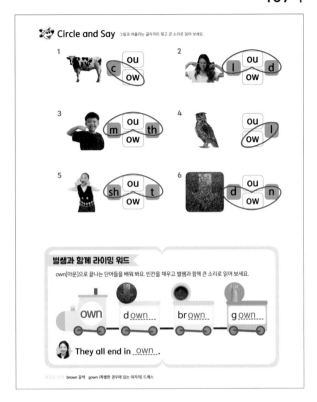

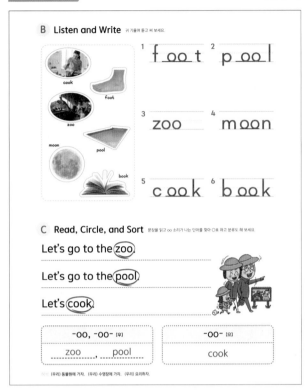

-or-	-ar	-er
fork	jar	summer

해석 포크를 만져 보세요. 병을 만져 보세요. 너의 여름 신발을 만져 보세요.

Listen and Match 단어를 듣고 그림과 어울리는 단어를 선으로 이으세요.

1 
2 
3 
4 

corn
sister
farm
summer

별쌤과 함께 라이밍 워드

ar로 끝나는 단어들을 배워 봐요. 별쌤이 읽어 주는 소리를 잘 듣고 빈칸을 채워 보세요.

ar | jar | car | star

They all end in ar.

car 자동차 star 별

B Listen and Write 귀 기울여 듣고 써 보세요.

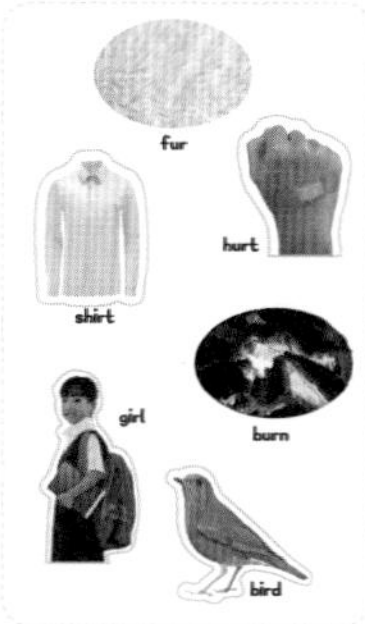

1 girl
2 fur
3 shirt
4 burn
5 hurt
6 bird

C Read, Circle, and Sort 문장을 읽고 ir, ur 소리가 나는 단어를 찾아 ○표 하고 분류도 해 보세요.

Is that her bird?

Is that her shirt?

Is that her fur?

별쌤의 한마디!
'Is that ~?'은 '저것은 ~인가요?'라는 의미로 상대방에게 멀리 있는 것에 대해 물어볼 때 사용해요. her은 '그녀의'라는 뜻으로 her bird/shirt/fur처럼 뒤에는 물건이나 동물의 이름을 나타내는 말이 나와요.

-ir-	-ur
bird, shirt	fur

저것은 그녀의 새인가요? 저것은 그녀의 셔츠인가요? 저것은 그녀의 털(모피)인가요?

Circle and Say 그림과 어울리는 글자끼리 묶고 큰 소리로 읽어 보세요.

1  f ur ir
2  sh ur ir t
3 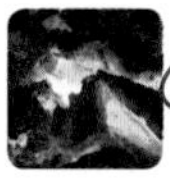 b ur ir n
4  g ur ir l
5  b ur ir d
6  h ur ir t

별쌤과 함께 라이밍 워드

irt[얼트]로 끝나는 단어들을 배워 봐요. 별쌤이 읽어 주는 소리를 잘 듣고 빈칸을 채워 보세요.

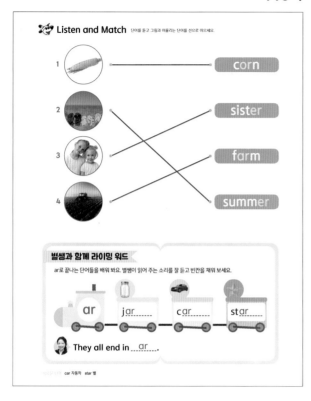

irt | shirt | skirt | dirt

They all end in irt.

skirt 치마 dirt 흙

unit 35 이중모음과 R 통제모음을 모아서 연습해요

unit 35 듣기

A Listen and Write 듣고 알맞은 글자를 찾아 ○표 하고 단어를 완성하세요.

1  au aw — saw
2  oo ow — zoo
3  ar er — jar
4  oy oi — boy

B Listen and Circle 듣고 알맞은 단어에 ○표 하세요.

1   mouth moon
2   oil owl
3   Paul pool
4   coin corn

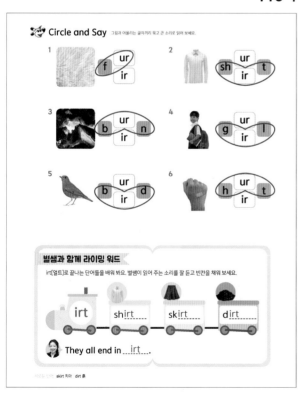

118쪽

C Listen and Match 듣고 그림과 어울리는 단어를 선으로 이으세요.

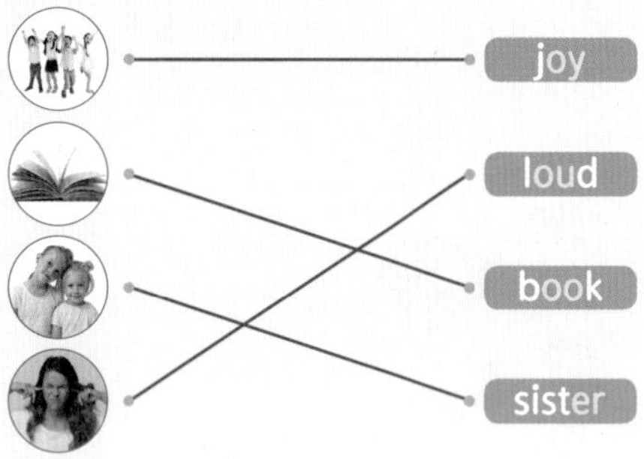

1 — joy
2 — book
3 — sister
4 — loud

D Listen and Write 듣고 알파벳 카드를 조합해 단어를 쓰세요.

1. u r f → f u r
2. g l r i → g i r l
3. o c k o → c o o k
4. o d n w → d o w n

119쪽

Circle and Read 그림과 어울리는 단어에 ○표 하고 문장을 읽으세요.

1. Touch the (fork) / jar.
2. Show me the (sauce) / saw.
3. Let's go to the (zoo) / pool.
4. Look at the owl / (cows).
5. The oil / (toy) is blue.

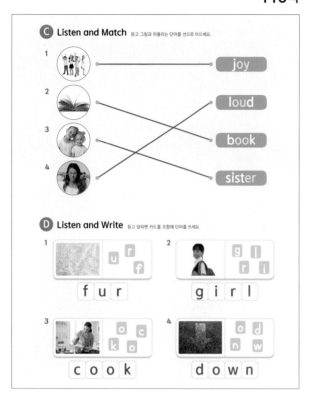

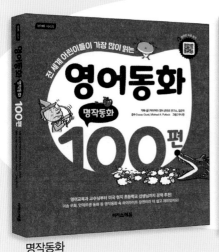

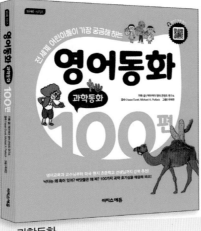

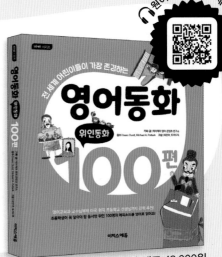

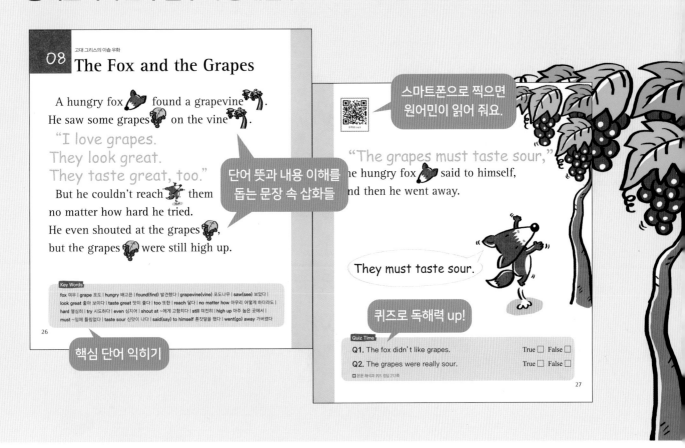

바빠 시리즈 초등 영어 교재 한눈에 보기

	유아 ~ 취학 전	초등 1·2학년
알파벳/파닉스	7살 첫 영어-알파벳 ABC 7살 첫 영어-파닉스 파닉스 1등 채널 비비쌤 강의 전체 제공	바쁜 초등학생을 위한 빠른 알파벳 쓰기 바쁜 초등학생을 위한 빠른 파닉스 1, 2
단어		바쁜 초등학생을 위한 빠른 사이트 워드 1, 2 바쁜 초등학생을 위한 빠른 영단어 스타터 1, 2
리딩		바빠 초등 파닉스 리딩 1, 2
문법	수업 시간에 손을 번쩍!	

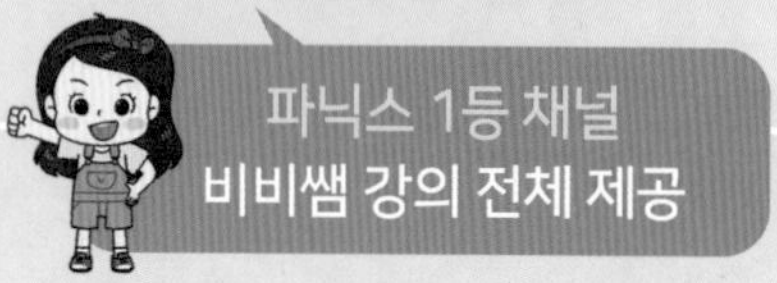

바쁜 친구들이 즐거워지는
빠른 학습법!

초등 3 · 4학년	초등 5 · 6학년

바쁜 3·4학년을 위한 빠른 영단어

바빠 초등 필수 영단어

바쁜 5·6학년을 위한 빠른 영단어

바빠 초등 필수 영단어 트레이닝
쓰면서 끝내기

영어동화 100편:
명작동화 / 과학동화 / 위인동화

바빠 초등 영문법 1, 2, 3 5·6학년용
바빠 영어 시제 특강 5·6학년용
바쁜 5·6학년을 위한 빠른 영작문

바쁜 3·4학년을 위한 빠른 영문법 1, 2

바빠 초등 파닉스 리딩

재미있는 파닉스 동화로 시작하는 첫 영어 리딩!

바빠 초등 파닉스 리딩 ①

Phonics Reading

15년간 영어 교과서를 만든 이지스에듀 지음

알파벳 소릿값 + 단모음
파닉스 단어 총정리

흥미진진한 파닉스
동화 10편 수록

파닉스 단어부터
리딩까지 All-in-One

이지스에듀

★ ★ ★ ★ ★

파닉스 동화로 시작하는 첫 영어 리딩!

파닉스 단어에서
리딩까지
All-in-One

이 책으로 지도하는
선생님과 학부모님을
위해 준비했어요!

책속책 정답 및 해석

바빠 초등 파닉스 리딩 1, 2 | 각 권 13,000원 | 세트 25,000원

Unit 01 Alligator, Bear, and Cat

스마트폰으로 찍으면
원어민이 읽어 줘요.

파닉스 단어부터
알려줘요.

Phonics Words 파닉스 단어를 잘 듣고 따라 읽어 보세요.

alligator apple banana bear candy cat

9

Let's Read 파닉스 단어가 들어간 문장을 듣고 따라 읽어 보세요.

파닉스 단어와 함께 재미있는
동화로 리딩을 연습해요.

An **alligator** is in the pool.
The **alligator** eats an **apple**.

A **bear** is under the tree.
The **bear** eats a **banana**.

10

뒤 페이지에는 듣기/읽기/쓰기/말하기
4가지 영역의 문제도 있어요!

 '바빠 초등 파닉스 리딩' 1권은 알파벳 소릿값과 단모음, 2권은 장모음과 이중 글자를 배워요.